高等教育城市与房地产管理系列教材

城市信息化管理

毕天平　主编

U0265868

中国建筑工业出版社

图书在版编目(CIP)数据

城市信息化管理/毕天平主编. —北京:中国建筑
工业出版社,2014.1
高等教育城市与房地产管理系列教材
ISBN 978-7-112-16203-1

Ⅰ.①城… Ⅱ.①毕… Ⅲ.①城市管理-信息化-
高等学校-教材 Ⅳ.①TU984-39

中国版本图书馆 CIP 数据核字(2013)第 306587 号

本书重点介绍了城市信息化管理的内容、基本技术,系统建设方法和
管理手段,并简要介绍了城市管理信息化发展的新概念。全书包括 10 章,
分别是:城市管理与信息化、城市管理信息系统、城市信息化管理的技术
基础、城市的信息化表达、数字化城市管理、城市管理信息系统开发与管
理、城市信息化管理新模式、城市信息化管理工程实例、城市信息化建设
注意事项、城市社区信息化管理等内容。

本书可供城市与房地产管理专业的师生使用。也可供从事相关专业的
人员参考使用。

责任编辑:胡明安 姚荣华
责任设计:董建平
责任校对:陈晶晶 刘 钰

高等教育城市与房地产管理系列教材
城市信息化管理
毕天平 主编

*

中国建筑工业出版社出版、发行(北京西郊百万庄)
各地新华书店、建筑书店经销
北京科地亚盟排版公司制版
北京市安泰印刷厂印刷

*

开本:787×1092 毫米 1/16 印张:13½ 字数:325 千字
2014 年 5 月第一版 2014 年 5 月第一次印刷
定价:**37.00** 元
ISBN 978-7-112-16203-1
(24952)

高等教育城市与房地产管理系列教材

编写委员会

    主任委员：刘亚臣

    委　员（按姓氏笔画为序）：

        于　瑾　王　军　王　静　包红霏　毕天平

        刘亚臣　汤铭潭　李丽红　战　松　薛　立

编审委员会

    主任委员：王　军

    副主任委员：韩　毅（辽宁大学）

              汤铭潭

              李忠富（大连理工大学）

    委　员（按姓氏笔画为序）：

        于　瑾　马延玉　王　军　王立国（东北财经大学）

        刘亚臣　刘志虹　汤铭潭　李忠富（大连理工大学）

        陈起俊（山东建筑大学）　周静海　韩　毅

系列教材序

沈阳建筑大学是我国最早独立设置房地产开发与管理（房地产经营与管理、房地产经营管理）本科专业的高等院校之一。早在1993年沈阳建筑大学管理学院就与大连理工大学出版社共同策划出版了《房地产开发与管理系列教材》。

随着我国房地产业发展，以及学校相关教学理论研究与实践的不断深入，至2013年这套精品教材已经6版，已成为我国高校中颇具影响力的房地产经营管理系列经典教材，并于2013年整体列入辽宁省"十二五"首批规划教材。

教材与时俱进和不断创新是学校学科发展的重要基础。这次沈阳建筑大学又与中国建筑工业出版社共同策划了本套《高等教育城市与房地产管理系列教材》，使这一领域教材进一步创新与完善。

教材，是高等教育的重要资源，在高等专业教育、人才培养等各个方面都有着举足轻重的地位和作用。目前，在教材建设中同质化、空洞化和陈旧化现象非常严重，对于有些直接面向社会生产实际的应用人才培养的高等学校和专业来说更缺乏合适的教材，为不同层次的专业和不同类型的高校提供适合优质的教材一直是我们多年追求的目标，正是基于以上的思考和认识，本着面向应用、把握核心、力求优质、适度创新的思想原则，本套教材力求体现以下特点：

1. 突出基础性。系列教材以城镇化为大背景，以城市管理和城市房地产开发与管理专业基础知识为基础，精选专业基础课和专业课，既着眼于关键知识点、基本方法和基本技能，又照顾知识结构体系的系统。

2. 突出实用性。系列教材的每本书除介绍大量案例外，并在每章的课后都安排了现实性很强的思考题和实训题，旨在让读者学习理论知识的同时，启发读者对房地产以及城市管理的若干热点问题和未来发展方向加以分析，提高学生认识现实问题、解决实际问题的能力。

3. 突出普适性。系列教材很多知识点及其阐述方式都源于实践或实际需要。并以基础性和核心性为出发点，尽力增加教材在应用上的普遍性和广泛适用性。教材编者在多年从事房地产和城市管理类专业教学和专业实践指导的基础上，力求内容深入浅出、图文并茂，适合作为普通高等院校管理类本科生教材及其他专业选修教材；还可作为基层房地产开发及管理人员研修学习用书。

本套系列教材一共有九本，它们是《住宅与房地产概论》、《房地产配套设施工程》、《城市管理概论》、《工程项目咨询》、《城市信息化管理》、《高层住区物业管理与服务》、《社区发展与管理》、《市政工程统筹规划与管理》和《生态地产》。

本套系列教材在编写过程中参考了大量的文献资料，借鉴和吸收了国内外众多学者的研究成果，对他们的辛勤工作深表谢意。由于编写时间仓促，编者水平有限，错漏之处在所难免，恳请广大读者批评指正。

前　　言

当前，我们正处在科学技术飞速发展、社会经济突飞猛进、城市化进程不断加速的历史时代。城市建设一日千里，这对城市管理观念、方法和手段提出了新的更高要求。中国城市管理正面临变革的关键时期，以数字为特征的信息化浪潮正席卷着每一个行业和社会的各个方面，也引发了全球生产和经济方式的变革。人类社会步入信息社会，而且引发了数字城市及其管理的新发展，数字地球、数字城市、智慧城市的概念冲击着人们传统的观念，为城市可持续发展研究和实施提供了一个崭新的视角，这无疑将极大地推动城市管理的创新与变革。在城市化进程不断加快的今天，信息海量化、网络互联化、动态实时化、覆盖全面化的特点，使城市信息化建设成为城市管理的重要组成部分。

信息化是当今世界发展的大趋势，是推动经济社会变革的重要力量。通过信息化手段改进城市管理，提高城市管理水平已成为历史的必然。信息化成为推动城市管理精细化、规范化、科学化，提高城市应急管理和安全防范能力的强大推动力。在此大背景下，城市信息化管理（Urban Informatization Management，简称 UIM）这本书应运而生了。

本书重点介绍了城市信息化管理的内容、基本技术、系统建设方法和管理手段，并简要介绍了城市管理信息化发展的新概念。第 1 章　城市管理与信息化，介绍城市管理、信息化和城市信息化的概念与内容，城市信息化管理的必然性和具体作用等；第 2 章　城市管理信息系统，介绍城市管理信息系统的概念、内涵、特性，必要性和建设的保障措施等；第 3 章　城市信息化管理的技术基础，介绍 3S 技术，数据库技术和网络技术等城市信息化管理所依赖的技术基础；第 4 章　城市的信息化表达，介绍城市空间对象的计算机表达方法，方式和技巧；第 5 章　数字化城市管理，介绍数字城市的概念，发展状况和数字化城市管理系统的建设内容等；第 6 章　城市管理信息系统开发与管理，介绍城市管理信息系统的开发、实施、测试、维护和管理等方面的内容；第 7 章　城市信息化管理新模式，介绍城市管理信息化方向最新的理念，包含网格化管理方法，虚拟城市和智慧城市等；第 8 章　城市信息化管理工程实例，介绍昆明市城市地下综合管线信息管理系统和地下管线三维规划审批系统建设的基本构架，思路、功能与具体的表现界面；第 9 章　城市信息化建设注意事项，介绍城市信息化建设过程中应该注意的资金，监督队伍建设和技术等关键事项；第 10 章　城市社区信息化管理，介绍作为城市社区信息化的概念、主要内容、评估过程和我国社区信息化基本情况等方面的内容。

本书作者多年从事该领域的研究与开发，在工作成果和经验总结的基础上，参阅了有关论著、期刊文献，并同相关专家、学者交流之后，编写了本书。

为了使广大读者更好地了解、领会和把握全书各章节的主要思想和知识点，本书各章后均附有思考题。

本书在编写过程中参考了国内外一些已出版和已发表的著作和文献，以及专家学者的论述和建议，吸取和采纳了一些经典的和最新的实践及研究成果，常春光、包红霏、李海英、钱施光、班福忱参与了本书的编写和校对工作，在此一并表示衷心感谢！

　　由于作者水平及视野的限制，本书定有不足和疏漏之处，诚恳希望广大专家和读者提出指正和建议，以便今后进一步完善和提高。

编　者

2013 年 9 月

目　　录

第1章 城市管理与信息化

随着信息技术、计算机技术、空间技术的发展，城市的概念正在悄悄地发生变化，在我们熟悉的城市身边，正在形成一个充满数字化特征的时代现象。这种现象正在渗透到城市规划、建设、管理与服务中，并发挥越来越大的作用。在我国进入城市化加速发展时期和信息化时代，如何以良好的城市管理推动城市可持续发展，已成为全社会可持续发展的关键。

1.1 城市管理

1.1.1 城市管理的概念

城市管理是指以城市这个开放的复杂巨系统为对象，以城市基本信息流为基础，运用决策、计划、组织、指挥、协调、控制等一系列机制，采用法律、经济、行政、技术等手段，通过政府、市场与社会的互动，围绕城市运行和发展进行的决策引导、规范协调、服务和经营行为。

广义的城市管理是指对城市一切活动进行管理，包括政治的、经济的、社会的和市政的管理。狭义的城市管理通常就是指市政管理，即与城市规划、城市建设及城市运行相关联的城市基础设施、公共服务设施和社会公共事务的管理。城市基础设施、公共服务设施和社会公共事务的运行构成了城市经济社会发展的环境，城市管理在城市经济社会发展中具有基础性的作用。作为城市管理主体的城市政府，按照特定的目标和管理原则，采用特定的手段和组织形式，对管理对象的运动过程进行计划、组织、指挥和控制等各项职能活动。城市管理包括前期规划管理、中期建设管理与后期运行管理三个部分。

1.1.2 城市管理的系统特征

城市管理工作，必须建立在对城市及其管理这类开放的复杂巨系统的正确认识基础上。从参与角色上，城市管理的主体包括政府（包括各级政府、各城市管理相关部门）、市场（包括企业等市场经济的各个主体）和社会（包括社区、民间组织、媒体和学术机构等）；从管理层次上，城市管理包括市级、区级、街道、社区、网格等多个层次；从时间维度上，城市管理包括前期规划管理、中期建设管理与后期运行管理几个部分；从逻辑维度上，城市管理包括预测、决策、组织、实施、协调和控制等一系列机制；从专业维度上，城市管理包括市政基础设施、公用事业、交通管理、废弃物管理、市容景观管理、生态环境管理等众多子系统，而每个子系统又包含许多子系统，整个系统呈现出多主体、多层次、多结构、多形态、非线性的复杂巨系统特性。从时间维、逻辑维和知识维三个维度从系统的角度来看城市管理的各个方面的要素，进而加强城市管理的系统、协调和科学性就是城市管理的三维结构，如图1-1所示。

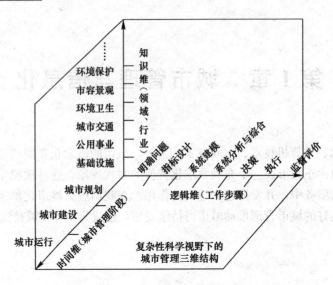

图 1-1　城市管理三维结构图

1. 时间维度

大家所熟知的城市规划、建设、管理三段论中的管理，实际上指的就是运行管理。城市规划、城市建设、城市运行绝非简单的线性关系，三个阶段之间不仅存在互动反馈机制，而且处在不停的动态变化之中。

城市规划是以发展眼光、科学论证、专家决策为前提，对城市经济结构、空间结构、社会结构发展进行规划。具有指导和规范城市建设的重要作用，是城市综合管理的前期工作，是城市管理的龙头。城市的复杂巨系统特性决定了城市规划是随城市发展与运行状况长期调整、不断修订，持续改进和完善的复杂的连续决策过程。城市建设是以规划为依据，通过建设工程对城市人居环境进行改造，是为管理城市创造良好条件的基础性、阶段性工作，是过程性和周期性比较明显的一种特殊经济工作。城市运行就是指与维持城市正常运作相关的各项事宜，主要包括城市公共设施及其所承载服务的管理。城市规划和建设最终还是为了服务城市运行，服务市民。城市设施在规划、建设完成并投入运行后方能发挥功能，提供服务，真正为市民创造良好的人居环境，保障市民正常生活。如果说城市规划是一种专业设计及地方立法行为，城市建设是一种以质量竞争、价格竞争、技术竞争为主要手段的市场经济行为，参照 GBCP 和谐三角模型〔政府（G）、企业（B）、公众（C）、公共设施与公共环境（P）构成了涵盖城市公共管理服务各方面的完整动态循环系统，并构成以 P 为内点核心，G、B、C 为外点的和谐三角〕，我们认为城市运行是政府、市场与社会围绕城市公共产品与服务的提供、各要素共同作用于城市而产生的所有动态过程，正是这三者之间的互动推动了城市发展。

随着中国城市化进程的加快，城市管理中重规划建设、轻运行管理的问题也越来越突出，"重建轻管"的诟病已被广为认知。就每个具体建设项目而言，从规划到建设完工移交运行管理部门，其时间周期是有限的，管理对象和范围也相对明确和具体。而运行管理从时间上相对较长（古建筑保护甚至上千年）；管理对象和范围也更加复杂，如水电气热通信的保障、城市交通的通达、环境卫生的保障、园林绿化与夜景照明、防灾防火防盗等无不是一个个复杂的系统工程，再加上生活于城市建筑、设施之中的市民和社会组织，使得城市运行管理更加复杂。

2. 逻辑维度

从逻辑维度上，根据城市管理综合集成流程，城市管理涵盖了从明确问题到指标设计、系统建模、系统分析与综合、决策、执行及监督评价等过程，本书不再累述。城市管理通过预测、决策、组织、实施、协调、控制等一系列机制，贯穿从明确问题、指标设计、系统建模、系统分析与综合、决策、执行到监督评价整个流程，以及城市规划、建设、运行管理全过程。

3. 知识维度

知识维度是指为完成上述各阶段、各步骤所必需的理论知识和专门技术。现代城市及其管理是一类开放的复杂巨系统。对现代城市进行管理需要市政基础设施、公用事业、城市交通、环境卫生、市容景观、环境保护等城市管理众多领域的自然科学、工程技术、系统科学、经济学、管理学、法学、社会科学以及人文科学等各类知识。在城市管理三维结构图的知识维中，我们按照城市管理的领域（行业）知识进行划分。但这种划分并不意味着各领域之间的割裂，城市作为一个系统，知识作为一个连续的整体，各行业的管理互相影响，各领域、各专业的知识互相交融。城市管理必须按照复杂巨系统方法论，依托跨学科、跨行业的科学技术知识和专家队伍，充分利用信息技术，将各种信息和知识、将众人的才智和先人的智慧综合集成，加强城市综合管理，做到科学管理城市。

1.1.3 我国现行城市管理体制

我国现行的城市管理体制呈现出多元模式并存的特点，概括起来有三种态势：规划、建设及运行管理合一的大建委或大管委模式；建设与管理合一的模式；规划、建设、运行管理各自分离的模式。

这种城市管理体制，是伴随着长期的城市管理的实践而逐步产生的。我国现行城市管理体制的形成最早可以追溯到新中国建国初期。但是，真正对现行城市管理体制产生实质影响的还是改革开放以后。在这三十余年的发展过程中，加强城市在"以经济建设为中心"战略中的核心地位，强化城市的辐射功能是我国城市发展的主线。现行的管理体制就是这一进程中逐步形成的，其中经济体制改革和机构改革则是直接促进我国城市管理体制形成的两大背景要素。特别是在最近二十几年里一直与我国城市管理体制的形成、发展所息息相关。这一时期主要分成两个阶段：

第一阶段是 1988～1993 年。期间，经济体制改革已经在城市铺开，并进行了新中国历史上的第五次机构改革。城市经济建设的推进，必然对城市的规划、建设和管理提出新的要求。这一阶段的城市管理体制主要围绕三个方面作了相当大的改革：一是抓住城市管理转变职能的突破口，重新调整、凸显了城市的建设职能；20 世纪 90 年代时，随着《城市规划法》的实施，城市的规划职能逐步明确，并在城市管理体制中初步占有了应有的地位。但是相关的城市市政等管理职能一直未能引起足够的重视。二是实行简政放权，赋予了区级政府一定的权力。这一时期权力下放的基本指导思想是：条块结合，以块为主。为了便于领导，区级普遍设立了同市级的相应机构，并明确了市、区两级的职责权限和任务分工。由于没有相关性的法律法规作保障，在向区、县下放权力的同时，也产生了一些问题：如市、区两级的职权界定太细，操作中出现的新情况，市、区两级都难以应付；规划权的下放造成违章建筑很是普遍，等等。三是调整城市管理的内部结构。这段时间刚好是我国城市建设的酝酿准备阶段和大规模城市建设的起步时期，所以城市建设成为城市工作的重点之一。在向建设倾斜的过程中，一些诸如"基础设施先行"的口号和方针很明显地反映了这些结构的调整趋势。

总之，这一时期城市管理体制改革的成就不很显著，政企不分、行政干预建设行业的行为十分普遍，改革的进程还有待继续深化。

第二阶段是 1993 年至今。这是我国历史上城市管理体制改革步子迈得最快，取得成果也最显著的时期。这一阶段城市管理体制改革的背景也是两个：一是按照 1992 年召开的"十四大"所确立的建设社会主义市场经济的目标，理顺体制，理顺关系。二是第六次机构改革的推动，从转变政府职能深化城市管理的机构改革。第二阶段的改革成就可以简单概括为：

（1）进一步以转变职能为切入口，优化城市管理的内部结构，初步明确了规划、建设、管理的职能分配框架，并着手解决以往城市中普遍存在的"轻规划、重建设、轻管理"现象。

（2）逐步明确并初步界定了市、区、街道三级管理体制的格局，"两级政府、三级管理"的原则和要求也在进一步的完善过程中。

（3）加强了城市管理的法制建设，颁行了一大批有关城市管理的法律和法规，城市管理初步走上了"有法可依"的轨道。

（4）重点强化了城市管理的执法监察工作，初步形成了综合执法与专业执法相结合、权力监督同群众监督及社会监督相补充的执法监察的框架体系。

（5）本着政企分开和精简、统一、效能的原则，着力解决城市建设职能界定宽泛、政企不分的问题。

1.1.4　城市管理面临的几个深层次问题

1. 整合与沟通问题

城市管理是以城市基本信息流为基础，依靠法律、行政、技术等手段，对城市运转过程中所产生的问题及时反馈、处置解决，以维护和强化城市功能，满足城市发展和人民生活需要的一个完整过程，它具有三个明显的特征：系统性、空间地域性、时效性。

这些特征表明，城市管理需在信息畅通，整体协调的基础上进行。强调城市管理各专业系统之间、不同地域之间、管理层与市民之间的有效沟通与整合，在统一整合的基础上分层次、分专业、分地域，进行城市管理活动。但目前在城市管理的综合协调与沟通方面，仍然不尽完善，时有脱节现象产生，主要表现在：

第一，城市管理各专业系统间沟通与整合仍不尽完善。城市管理各专业系统仍显相对封闭和独立，相互间缺乏科学有效沟通手段，仅靠人工方式沟通，时效差、信息量小、精度低。城市管理基本信息被各专业系统独享，不能被充分运用。如：在近期的"拆违"工作中暴露出城建执法部门与规划部门沟通不够的矛盾。由于规划部门未能及时将建筑许可信息反馈到城建执法部门，城建执法部门不能判定与及时掌握违章建筑搭建情况。又如：同样是城市固体废弃物，被分成工业废弃物、生活废弃物、废旧物资，由三个行政管理部门分头管理，由于缺乏有效沟通，使废弃物中相当部分可回收资源以及废弃物填埋处置场地资源等不能充分、合理、高效利用。

第二，空间地域间沟通不够。由于城市管理有明显的空间地域特征，城市管理不能因空间地域局限而中断或变异。如：对黄浦江水质管理，并不能因其流经不同行政区域而有不同的管理标准。但在一些城市管理活动中，仍存在受空间地域限制，互不沟通问题，影响了城市管理整体效益的发挥。

第三，城市管理部门与市民沟通不足。从城市建设和管理应以人为本角度出发，一切城市建设、管理活动应以人为中心，而市民应当是城市管理活动的积极支持和参与者，并是城市建设和管理成果的受益者。但目前城市市民参与城市管理的广度与深度都明显不足，参与方式并未法律化、科学化，往往使城市管理的结果并未给市民带来益处。如：在规划某些建设项目时，缺乏与项目所在地周围市民的沟通，市民对项目建设取舍、项目性质规模的影响力微乎其微，因此常会引发市民与建设方的矛盾冲突，成为影响社会安定因素之一。

第四，各专业系统间缺乏整合。城市管理各专业系统间除需加强沟通外，还需将各专业系统的基本信息加以综合，并使各专业系统信息被共享，以作为城市管理决策依据。但目前的综合方法和手段，相对城市管理信息量日益增大的趋势，是远远不能满足现代化城市管理要求的。

2. 被动与预警问题

目前，城市管理还存有"事先控制管理少，事后被动管理多"的现象。一些城市管理活动往往是被动式和适应式的，缺乏前瞻、超前的主动式管理。即从城市规划、建设时就考虑城市管理问题，而不是到发现了问题，再用管理方式补救。如：城市规划中若预先充分考虑预留地下管线空间，则动辄开挖路面铺设管线的现象可大为减少。对一些突发性事件的处理，由于信息反馈不及时，往往不能在第一时间内予以解决。一些城市管理数据资料靠人工保存，易产生误差和丢失现象，应用效率也不高。这些现象都表明了城市管理在某些方面还缺乏现代化手段，往往使城市管理活动陷于被动。

3. 定性与定量问题

城市管理的系统性特征表明，一项城市管理决策，应在掌握全面的、量化的城市基本信息基础上，从通盘系统角度出发，在一种理性的层次正确做出。这就要求决策者掌握全面、细致的城市基本信息，并做具体量化分析后作为决策的依据。但目前一些城市管理活动中定性因素较多，对城市管理基本信息作定量的科学分析较少，停留于定性管理层次，造成决策依据不充分，使一些城市管理活动或不解决根本问题，或流于形式，缺乏科学严密性。没有一种纵览全局、兼顾左右、把握未来的决策气势，归根到底，还是对城市基本信息把握不全，对信息缺乏量化的科学分析。

4. 人治与法治问题

城市管理需依法进行。但目前我国城市在依法进行城市管理方面仍有不完善之处。如：缺少综合性的城市管理法规；一些城市管理法规、规章的制定，由于缺乏对大量的城市管理现象作深入调查和以大量的城市管理基本数据作为依据，进行科学分析，使一些法规、规章的可操作性较差；还有，执行法规、规章的手段比较落后，执行程序很大程度上依赖人工设定，使法规、规章在执行过程中，有可能被人的主观意志所左右。因此，城市管理在很大程度上，受人为因素影响仍然较大。人为因素影响力越大，管理水平波动就越大，管理公正性、程序性往往得不到体现，甚至还会导致腐败行为。这就是说，在城市管理法治化尚不完善之际，还需依靠一些其他手段辅助加以制约、补充。但目前应用补充手段介入城市管理的程度还是远远不够的。

1.2　信息化

信息化是当今世界经济和社会发展的大趋势。伴随着全球经济一体化和世界各国信息化步伐的不断加快。要建设现代化城市、提升城市管理现代化水平，就必须依靠信息化。

1.2.1　信息化的概念

1. 一般性定义

信息化的概念起源于 20 世纪 60 年代的日本，首先是由一位日本学者提出来的，而后被译成英文传播到西方，西方社会普遍使用"信息社会"和"信息化"的概念是 20 世纪 70 年代后期才开始的。

关于信息化的表述，在中国学术界和政府内部作过较长时间的研讨。如：有的认为，信息化就是计算机、通信和网络技术的现代化；有的认为，信息化就是从物质生产占主导地位的社会向信息产业占主导地位社会转变的发展过程；有的认为，信息化就是从工业社会向信息社会演进的过程，如此等等。

1997 年召开的首届全国信息化工作会议，对信息化和国家信息化定义为："信息化是指培育、发展以智能化工具为代表的新的生产力并使之造福于社会的历史过程。国家信息化就是在国家统一规划和组织下，在农业、工业、科学技术、国防及社会生活各个方面应用现代信息技术，深入开发广泛利用信息资源，加速实现国家现代化进程。"实现信息化就要构筑和完善 6 个要素（开发利用信息资源，建设国家信息网络，推进信息技术应用，发展信息技术和产业，培育信息化人才，制定和完善信息化政策）的国家信息化体系。

2. 通信经济学中的定义

所谓信息化，是指社会经济的发展，从以物质与能源为经济结构的重心，向以信息为经济结构的重心转变的过程。

信息化代表了一种信息技术被高度应用，信息资源被高度共享，从而使得人的智能潜力以及社会物质资源潜力被充分发挥，个人行为、组织决策和社会运行趋于合理化的理想状态。同时信息化也是 IT 产业发展与 IT 在社会经济各部门扩散的基础之上，不断运用 IT 改造传统的经济、社会结构从而通往如前所述的理想状态的一个持续的过程。

3. 信息管理学定义

指在现代信息技术广泛普及的基础之上，社会和经济的各个方面发生深刻的变革，通过提高信息资源的管理和利用水平，在各种社会活动的功能和效率上大幅地提高，从而达到人类社会新的物质文明和精神文明水平的过程。

1.2.2　信息化的建设内容

1. 信息基础设施建设

信息化的基础就是网络化。信息基础设施的建设主体就是信息网络，指以计算机技术、网络通信技术为基础组成的电话网、广播电视网、计算机网、无线网等信息传输网络，利用这个网络可以最大限度地实现全社会的信息资源共享和经济高度信息化。

2. 发展信息技术及其应用

通信技术方面的革命，数字化技术的推广应用，高速率、宽频带、大容量的现代通信手段的实现，微电子技术的快速发展，高功能的计算机技术、数据库技术、多媒体技术和网络技术的综合运用，为信息化提供了技术支撑和发展保障。

3. 开发信息资源，发展信息系统

在信息化建设中，信息资源和信息系统占有突出的地位。信息网络建立以后，没有信息资源就等于无源之水、无本之木。没有信息系统的建立，信息交流就没有可靠的保障。

信息资源的开发，主要是信息资源的计算机化、数据库化和网络化，具体地说，是将数据、声音、图像、文字、影视等多种形式的信息经过处理和加工以后储存于计算机中，实现计算机化的管理和交换。

信息系统的建设是开发信息资源的必然结果，对经济和社会各方面的信息化都有重要的实际意义。例如，清算系统是停航的业务系统，计算机化的清算系统是金融业信息化的基础；计算机辅助社会和计算机辅助制造是制造业信息化的基础；航空公司（以及火车、轮船、长途汽车）的计算机订票/订座系统、饭店的计算机管理系统是实现各自行业信息化的基础，也是旅游信息系统的基础。

4. 发展信息产业

信息产业化与产业信息化是信息化的重要标志。产业信息化是指国民经济的产业部门大量使用先进的信息技术手段，加快对信息资源的开发利用。而信息产业化是指与信息的生产、流通、分配、消费直接相关的组织结构，在遵循市场经济规律，立足于产业化要求的基础上，生存与发展，并在宏观上形成信息产业这一国民经济的相对独立的产业部门。发展信息产业，不仅直接影响信息化的水平，带动信息技术的发展、信息需求刺激和信息资源的开发利用，而且影响着产业信息化，关系着经济结构调整和国家的发展战略。

5. 信息环境建设

信息环境是指社会信息活动中各种因素的集合。信息环境建设包括两个方面：一是外部建设环境，指改善影响社会信息化进程的政治、经济等因素，没有强大的经济基础，没有稳定的政治环境，社会信息化就没有保障。二是内部环境建设，指改善与信息化有直接关系的技术、科学、文化、教育等因素，信息技术是技术的一部分，科学直接创造信息与知识，文化影响着人们对信息化的态度，教育为信息化培养人才。

政策环境是信息环境的重要方面。世界银行1994年提出各国政府应通过政策调整努力创造一种"信息友好"的环境，并把它定义为：信息和通信市场开放、规制良好；投资和提供服务的责任主要依靠私营部门，政府主要承担规划的角色；公共信息政策、保护投资和知识产权的法规健全并得到有效执行；以及支持通信与信息、服务与产品的可获得性、多样性和廉价性。

根据国内业界的认识，信息化包括7个要素，即信息通信网络、信息产业、信息化应用、信息资源、信息化人才、政策法规和标准规范、信息安全保障体系，7要素体系是在1997年"全国信息化工作会议"确定的6要素体系上增加了信息安全保障要素（图1-2）。

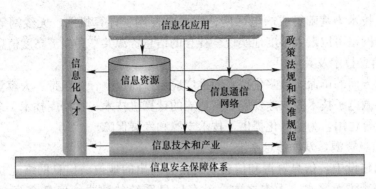

图 1-2 我国信息化 7 要素体系图

从 7 要素体系看，信息化包括信息通信网络、信息通信技术和信息产业的发展，包括信息化应用推进、信息资源开发利用和信息安全保障，还包括信息化人才培育和相关政策法规和标准规范的制定。

1.2.3 信息化的发展过程

根据美国学者诺兰提出的数据处理发展模型，信息化发展大体上可分为以下 6 个阶段：

初始阶段。这一阶段是进行信息化的孕育和信息化建设的准备，通过信息化的宣传和信息技术的初步应用，让社会更多地了解信息化的意义。通过计算机应用试点、试验和信息技术的局部推广，从引起人们对计算机应用的关心过渡到计算机在行业、部门、家庭的实际应用，真正感受到信息技术应用的好处。

普及阶段。大力宣传信息技术成果和信息化的作用，以成功者的案例使人们对信息技术应用产生强烈的需求。将信息技术广泛应用到各行各业，让计算机进入更多的家庭、办公室，使经济和人们的生活与信息技术应用发生更加紧密的联系。这一阶段的重点是学习和普及信息技术，推广计算机在经济和社会生活中的应用。

发展阶段。有规划、有组织地进行信息网络建设，大力培养信息技术人才，发展信息技术，及时更新信息设施，使信息技术应用适应新的要求。

系统内集成阶段。经过前几个阶段的发展，针对信息技术中出现的问题，特别是各系统之间不协调以及缺少统一规划的问题，提出解决方案。一般按照信息系统工程的方法，进行规划，制定标准，通过更新换代、二次改造而实现系统内的协调和集成。这一阶段是信息化发展的关键，对信息化前期各种问题的解决关系到整个信息化的长远发展。

全社会集成阶段。经过系统内集成，进一步从全社会的角度来考虑信息化的全面建设。综合考虑发挥企业、社会团体、个人等方面的积极因素，运用政府在信息化建设中的宏观调控职能，实施整体信息化计划，推进各行各业的信息化。

成熟阶段。通过信息化的全面推进和信息化计划的制定与实施，信息技术发展速度加快，信息化达到较高的水平。这一阶段的标志是：信息技术高度融入社会和经济的全过程，信息产业成为主导产业，信息化带来经济快速发展和人们生活水平与生活质量的巨大提高。

这 6 个阶段是信息化由局部到整体、由浅入深的过程，反映了信息化发展的一般轨迹。

信息化的发展不是僵化的、一成不变的，它要受到时空的制约。例如，美国的信息化经历了4个时期：从20世纪初到20世纪40年代末为信息化孕育时期；从20世纪50年代初到60年代末为信息化的迅速发展时期；从20世纪70年代初到80年代末为信息化的稳步发展时期；20世纪90年代以来为信息化的深入发展时期。日本信息化的发展过程经历了20世纪70年代"点"的信息化——进行定性业务的高速化、省力化、集中化信息处理，20世纪80年代"线"的信息化——通信自由化、网络化之后，进入到了20世纪90年代的"面"的信息化——通过缩小化达到个人计算机、工作站的普及和由此实现的网络化，扩大信息流通量，通过复合媒介传播更加推进普及发展的信息化阶段。

从宏观上，信息化的发展可分为三个层次。第一层次是劳动工具的信息化。工业化过程中人们注重利用的是劳动工具的物理、化学和机械属性，信息化过程中人们更重视劳动工具的信息属性，即劳动工具的自动化和智能化。第二层次是国民经济的信息化，从生产过程中的自动化、信息化，逐步扩大到流通、分配、交换和管理领域的自动化、信息化，最终实现整个国民经济的信息化。其中，产业信息化是国民经济信息化的基础。我国国民经济信息化的内涵包括两个方面：一是利用信息技术改造国民经济各个领域，加快农业的工业化和促进工业的信息化。信息技术和信息产业不仅是国民经济的一个产业部门，而且是一个"发动机"，可以推动其他产业部门的升级换代和现代化。二是利用信息技术提高国民经济活动中信息采集、传输和利用的能力，提高整个国民经济系统运行的有效性、生产率和效率，加强国民经济的国际竞争能力。主要包括三大任务：建设国家信息基础设施和国家信息网；建设各种公用的或专业的大型信息系统工程；广泛的信息资源的开发和利用。第三层次是社会生活的信息化，通过遍布全球的信息网络和终端，丰富、快捷、便利的信息服务，使人类社会生活全面实现信息化。在这三个层次中，前两个层次基本上属于经济信息化的范畴，经济信息化又奠定了整个社会和家庭生活信息化的基础。这三个层次并不是截然分开的，而是相互联系、相互交叉，共同构成信息的有机体。

1.2.4 信息化的发展模式

信息化的发展模式主要考虑在信息化发展过程中，如何选择信息化的发展道路，如何发挥政府的作用，如何确立信息化的发展重点。从信息化的建设主体看，信息化有两种发展模式。

一种是"政府主导型"模式，指国家直接参与信息化的发展过程，直接调控信息产业运作的全过程，包括：确定产业目标、制定产业政策、调整产业布局、协调产业组织、实施产业保障策略和产业国际化策略等。有些国家通过建立权威的领导机构，直接负责各项信息化计划的实施，加强对信息系统的管理。有些国家不仅直接制定优先发展信息技术与信息产业的政策，而且直接投资成立信息企业，以期在较短的时间内缩小与发达国家在信息化方面的差距。

另一种是"市场主导型"模式，指信息化的发展规模、发展速度和重点等主要依赖市场调节，充分发挥企业、个人和其他各种机构的信息化建设的积极性，国家只是通过间接手段从外部引导信息产业的健康发展。例如，通过制定战略发展规划、制裁不正当竞争等举措实现对社会经济信息化的宏观调控。国家一般不干预信息企业的生产、流通活动，那些与信息化发展相关的企业和部门可以自主决策、自由经营、自由发展。

这两种模式各有长短，"市场主导型"模式是建立在市场经济相当成熟而信息经济又达到一定规模基础上的发展模式，主要适用于发达国家。例如，美国、日本、欧洲等。"政府主导型"模式是基于市场经济与信息经济的现实状况而做出的必要选择，对发展中国家比较适用，例如中国和东南亚的一些国家就采用了这一模式。

1.2.5　信息化的目标

国际上对发展信息化的长远战略目标主要有两种描述：

1. 建设信息社会

即通过信息通信技术的全面应用与发展，建设一个以人为本、包容性、以发展为目的、全民知识共享的信息社会。许多国际组织、发达国家以及一些新兴工业化国家都采取这类提法。如 WSIS——世界信息社会峰会提出的"建设全球信息社会"目标；美国"新经济（New Economy）"，日本"知识经济（Knowledge based Economy）"，欧盟提出的"信息社会"、新加坡 21 世纪"智能社会"等。

2. 以信息化促进发展（IT for Development，或 IT4 Dev）

联合国以及多数发展中国家采取这类信息化战略目标，目的是利用信息通信技术解决发展中最紧迫的经济、社会问题，实现经济结构优化升级和社会转型，并以实现可持续与跨越式发展为长远目标。

发达国家信息化发展目标更加清晰，正在出现向信息社会转型的趋向；越来越多的发展中国家主动迎接信息化发展带来的新机遇，力争跟上时代潮流。全球信息化正在引发当今世界的深刻变革，重塑世界政治、经济、社会、文化和军事发展的新格局。加快信息化发展，已经成为世界各国的共同选择。

1.2.6　我国信息化的发展历程

1993 年开始，我国正式推进国家信息化，成立了国家经济信息化联席会议，确立"实施信息化工程，以信息化带动产业发展"指导思想，启动"金卡"、"金桥"、"金关"等重大信息化工程。1996 年，国务院信息化工作领导小组成立，提出了我国信息化建设"统筹规划、国家主导；统一标准、联合建设；互联互通、资源共享"的二十四字指导方针。

1997 年，全国信息化工作会议召开，确定了国家信息化体系的定义、组成要素、指导方针、工作原则、奋斗目标、主要任务，通过了《国家信息化标准化"九五"规划和 2010 年远景目标（纲要）》，纲要中指出："国家信息化是在国家统一规划和组织下，在农业、工业、科学技术、国防和社会生活各个方面应用现代信息技术，深入开发、广泛利用信息资源，加速实现国家现代化的进程。"

1999 年，国家信息化工作领导小组成立。2000 年，中共中央十五届五中全会提出"大力推进国民经济和社会信息化是覆盖现代化建设全局的战略举措。以信息化带动工业化，发挥后发优势，实现社会生产力的跨越式发展。"

2002 年，《中共十六大报告》中将信息化与新型工业化道路紧密联系在一起，提出"坚持以信息化带动工业化，以工业化促进信息化，走一条科技含量高，经济效益好，资源消耗低，环境污染少，人力资源优势得到充分发挥的新型工业化路子。"

2001 年以来，重组的国家信息化领导小组先后召开了多次会议，对制定信息化发展规划和发展战略、推进电子政务和电子商务、发展软件产业、保障信息安全、开发利用信息资源等工作进行了周密部署。

2007 年，《中共十七大报告》将信息化同工业化、城镇化、市场化和国际化一起确定为影响中国现代化建设的大背景，提出要推进信息化与工业化融合。

可以说，推进信息化在我国已有了全面共识，成为贯彻落实科学发展观、全面建设小康社会、构建社会主义和谐社会和建设创新型国家的迫切需要和必然选择。

1.3 城市信息化管理

1.3.1 城市信息化

"城市信息化"这个词，最先出现在"上海亚太地区城市信息化论坛"上。城市信息化是指在国家信息化发展总体思路的指导下，以城市为主体，在政治、经济、文化、社会生活等各个领域广泛应用现代信息技术，不断完善城市信息服务功能，提高城市管理水平和运行效率，提高城市的生产力水平和竞争力，加快推进城市现代化的过程。

"数字城市"是城市信息化建设的目标，是数字地球的重要组成部分，数字城市是信息技术在城市各个领域的渗透和成果体现，是信息时代背景下城市及理论发展的一种必然。它是基于信息技术及其他技术手段，以可视化、网络化、智能化的表达方式对物质城市进行数字化的再现和升华，并与物质城市共同构成一个相互作用的自适应城市巨系统。

我国从 1999 年开始进行城市信息化试点工作。一些经济发达的城市率先开展了城市信息化工作，制定了城市信息化发展规划，确定了信息化重点工程的内容，启动了城市信息化建设工作。很多城市的政府信息系统、社会保障信息系统、交通管理信息系统、电子商务交易系统、远程教育系统，以及智能小区等方面建设进展很快，信息化已出现了可喜的局面。我国城市信息化建设发展方针可以总结为"政府引导、市场运作，合作共建、突出应用，因地制宜、典型示范"。

1.3.2 城市信息化建设的必然性

城市信息化也是政府信息化、产业信息化、企业信息化和社会信息化在城市这一层面的缩影。未来是中国城市由初级化向高级化转变，由一般性向特殊性转向和由战术性向战略性转型的关键时期，我们必须从中长期战略的高度确立城市核心战略思想和整体战略布局，以拓展城市功能、完善城市形态和提升城市竞争力为重点，全面构筑和打造城市价值链体系。

信息产业将成为城市最具活力的产业；信息资源将成为城市经济社会发展中最重要的生产要素和战略资源；信息技术将成为城市之间经济科技实力竞争的制高点。特别是对于处在转型阶段的后发地区和后发城市来说，迅速提升信息化程度，是城市利用后发优势实现超越战略的最核心内容之一，是城市率先实现现代化的必然选择。

充分利用信息化等先进技术，建设智慧城市，大力发展城市信息化，是新时期城市全面建设和发展的客观要求，也是城市现代化和可持续发展的必然趋势。

1.3.3　当前城市信息化建设存在的问题

首先，"重建设轻维护"、"重硬件轻软件"、"重技术轻管理"、"重电子轻业务"的现象比较普遍，有些领导对信息化重要性缺乏深层次认识，把这项工作当作"面子工程"，而不是着眼于解决现实问题。

其次，虽然各城市都制定了信息化规划，但统筹规划、协调、管理力度不够，跨行业、跨部门的项目协调不到位，协调性不够。信息系统建设缺乏统一规划和指导，导致信息资源分散，条块分割，"孤岛"林立，数据库不能共享。

第三，一些城市由于信息化建设资金投入不够，融资渠道不畅，资金来源单一、到位滞后，信息基础设施建设和信息资源数据库建设缓慢，制约了城市信息化的进程。

第四，信息技术应用深度和广度不够，部门、行业发展不平衡，信息技术应用的领域还不广泛，应用层次低，信息安全存在隐患。就是花架子多，应用的深度不够。

第五，信息化发展的法制环境有待改善，现有管理体制、法律法规和标准不健全，部门职能交叉，网络接口标准、代码体系不一致，致使信息化工作事倍功半。

第六，信息化人才尤其是高级信息人才，既懂管理又懂技术的复合型人才相当缺乏。这是城市信息化工作常常变成"政绩工程"、"面子工程"的根本原因。

1.3.4　城市信息化管理的作用

城市管理存在的一些问题，有些可以通过改善城市管理体制加以解决，有些属于加强法治建设范畴。但在信息技术高速发展的今天，还可利用必要的技术手段——信息化手段参与城市管理，辅助解决上述问题中的部分内容，使城市管理形成法制、行政、技术手段"三足鼎立"的局面。利用管理信息系统的相关理论来实现现代城市的信息化管理，是今后城市管理发展的必然。以信息技术手段为核心的城市管理信息化系统正以其信息海量化、网络互联化、动态实时化、覆盖全面化、现实虚拟化、表现丰富化等优势，成为现代化城市管理中最有发展前途的技术手段之一。

1. 信息化推动城市规划的变革

科学、合理的城市规划是城市可持续发展的基本前提，而城市规划的编制、实施和管理是建立在充分掌握城市的各种信息的基础上的。因此，要全面掌握信息、充分利用信息，科学地进行决策，就必须对传统的城市规划进行变革，城市规划就必须进行信息化的改造和技术上的提升，以适应时代的发展要求。数字时代城市规划面临以下四方面的变革：设计观念的变革、技术方法的变革、管理机构的变革、组织结构的变革等。

2. 信息化推动城市信息化管理建设

城市信息化管理是运用遥感、遥测、网络、多媒体及仿真/虚拟技术等对城镇的全部基础设施、功能机制进行动态监测与管理、辅助决策服务的技术系统。它具有城市地理信息系统的全部功能，而且是以它为基础，但功能更强、更丰富，直接与社会生产和生活密切相关的技术系统。它包括在建立信息化城市基础设施下建立城市基础数据库、空间信息工程系统、城市辅助决策支持系统。城市信息化管理建设是以信息技术的发展为基础的，是建设数字城市的一个基本任务。

3. 信息化推动城市社会管理的变革

信息化的发展推动了智能建筑的发展，进而推动了智能化小区的发展，使得城市社区的管理方式发生变化。建筑智能化应用现代计算机技术（Computer）、现代控制技术（Control）、现代通信技术（Communication）及现代图形显示技术（CRT），即"4C"技术构成智能建筑结构与系统，结合现代的服务与管理方式，给人们提供一个安全、舒适的生活、学习与工作环境空间，将逐步改变人们的出行方式、工作地点，从而对城市的空间结构变化、城市管理方式产生影响。信息化的发展也推动了智能交通系统的发展，智能交通系统就是充分利用现代化的通信、定位、遥感，以及地理信息系统、电子地图和其他相关技术减少交通拥挤，提高交通流量，改善安全状况，充分利用路网资源并减少对环境的影响，从而改善地面交通运输条件的一项具有战略意义的工程。

4. 信息化推动政府信息化

信息技术和网络的发展，推进政府部门办公自动化、网络化、电子化，全面信息共享，使"政府上网"成为世界各国积极倡导的"信息高速公路"的主要应用领域。它包括电子财务、电子采购及招标、电子福利支付、电子邮递、电子资料库、电子化公文、电子税务、电子身份认证等。城市政府上网是对城市政府实施公共管理的方式和手段的全方位的革命，也必然伴随着城市管理的理念、城市管理的体制、城市管理的制度等方面的变革。在城市管理和辅助政府决策方面，可实现业务流程规范化、标准化和软件化，提高城市管理部门的工作效率和办事透明度。行政信息公开对树立政府形象以及强化群众对政府的信任具有举足轻重作用。

5. 信息化推动公众参与

公众是推动社会进步和实现可持续发展战略的主力，随着社会经济的日益发展，公众参与城市管理的愿望越来越强烈。公众参与的程度和方式直接关系到城市可持续发展的战略目标能否实现。公众参与城市管理主要表现在城市规划和城市公共政策的制定过程中关于公众参与的制度安排上，当然这是以公众对信息获取的便捷程度、财务的公开透明程度为前提，以公民的知情权为法律保障的。在信息化技术不断发展、普及的形势下，我国城市管理主体已经开始向多元化发展，公众参与的机制逐步得以形成。

6. 信息化推动城市管理绩效评估体系的建立和完善

在城市可持续发展评价体系中，城市政府的管理绩效、管理能力是一个重要的指标，科学、有效地评估城市政府的管理绩效和管理能力，将决定是否能有效、准确地判断一个城市可持续发展的状态和趋势，这关系着有关城市可持续发展战略的调整。从本质上讲，管理绩效评估在推动管理创新中起着非常重要的作用。对于公共组织而言，有效的管理绩效评估有助于公共组织不断改进其管理手段、管理方法、管理模式，推动公共组织发展可持续性的管理。但是在传统的技术条件下，因数据获取和信息共享的困难，使得公共组织绩效研究存在很多困难，尤其是城市政府的管理绩效评估一直是难点。现在由于政府建设的步伐加快，建立了电子化政府绩效管理系统，通过互联网来公开政府有关信息等，使得信息获取更便捷和有效。

综上所述，信息技术极大地推动了城市管理的创新，提高了城市管理效率，从而推动城市政府管理向"良好的城市管理"目标发展，使城市的发展向可持续方向不断迈进。

1.3.5　通过信息化手段提升城市管理服务水平

1. 建设智慧城市提高城市管理服务水平

随着信息技术在城市管理中的普遍应用，智慧城市成为城市发展新模式。智慧城市以互联网、物联网、有线和无线宽带网等网络组合为基础，以智慧技术高度集成、智慧产业高端发展、智慧服务高效便民为主要特征，涉及智能楼宇、智能家居、路网监控、智能医院、城市生命线管理、食品药品管理、票证管理、家庭护理、个人健康与数字生活等诸多领域，能够将政府、教育、医疗、公共安全、地产、运输和公用事业等城市关键基础设施和服务互联起来并对各种需求做出智能响应。2009年9月，美国中西部艾奥瓦州迪比克市与IBM共同宣布，将建设美国首个完全数字化的智慧城市。此后，世界上很多国家和城市都提出了自己的智慧发展之路，建立超高速、广覆盖、智能化的通信基础设施，将城市的政府、交通设施、能源、电力系统、医疗、电信、教育、公共安全等体系连接起来，实现对城市运行核心系统的各项关键信息进行实时、动态的综合管理与分析。据统计，到2010年，全球已启动或在建的智慧城市达到1500多个，遍布亚欧、美、非各大洲。

近几年我国迎来了智慧城市建设热潮，目前已有上海、广州、深圳、无锡、南京、昆明、宁波、武汉、成都等十几个城市提出了建设智慧城市的目标。面对信息化迅猛发展的势头，我国应加快融入以信息化为主体的新经济时代，加大对信息通信技术投入，在我国物联网示范应用工程、下一代移动宽带无线通信等重大战略性新兴产业带动下，充分利用Web2.0、物联网、云计算、第三代移动通信技术（3G）等新技术，加快推进城市智能化基础设施建设，以感知化、互联化、智能化方式，将城市的水、电、油、气、通信、交通等资源有机连接，提高实时交互信息处理能力和反应速度。加强核心技术和关键装备研发，提高技术的可靠性和系统的安全性，有计划、有重点地开展试点示范，在进行充分安全论证后逐步推广应用。

2. 建立综合信息系统融合城市应急管理和常态服务

在推进城市管理信息化的过程中，根据"平战结合、急时应急、平时服务"的原则，美国西雅图、波特兰等很多城市有效整合资源，建立了标准化、规范化、跨部门、跨区域的综合性城市管理系统，实现城市管理各系统之间以及城市与相邻地区之间的互联互通，保证各系统在个性化、定制化的同时满足互操作性要求，推进非常态下城市应急管理工作与常态下城市公共管理与服务之间的有机融合。2011年，美国已决定统一标准，采用下一代无线网络技术部署全国互操作性公共网络，支持漫游和互操作通信，确保公共安全领域宽带用户在重大突发事件发生后能跨部门、跨地区分享视频、图片和电子邮件等信息。

近年来，我国以新型信息系统为基础的应急平台建设取得重要进展，但各专项部门的信息系统和各类资源尚没有统一的技术标准和组织标准，各个系统之间还没有建立联动共享机制，无法在统一管理平台中得到共享利用。为此，需要进一步推进标准、融合、智能的综合性城市信息管理系统建设，尽快实现各个专项系统之间的互联互通，实现跨地区、跨部门联动，解决政府信息系统相关标准缺乏、相互间低水平重复建设的问题。按照"急时应急、平时服务"的原则，建立资源整合、应急联动、平战结合的政府应急平台，有机融合城市日常服务和应急管理功能。重点依托政府系统办公资源网络和各项业务网络，整合各部门、各行业、各层级已有视频会议、视频监控、语音指挥调度等系统及各专业应急部门的业务系统和数据库系统，建立统一的技术规范、数据标准、数据交换格式，形成纵横交错的信息资源分级分类和互联互通机制。

3. 推广新技术应用提高城市突发事件应对能力

随着城市信息化的发展，信息管理系统在城市管理中受到了极大重视，成为辅助政府决策、维护城市安全、处理突发事件的重要手段。很多城市把互联网 Web2.0 等新技术纳入城市应急管理体系，应用于突发事件预防与应急准备、监测与预警、应急处置与救援、事后恢复与重建等全过程。美国建立了国家应急警报系统（EAS）以及利用 EAS 建立的其他专门应急系统（如专为寻找丢失儿童设立的 Amber Alert 系统等），联邦应急管理署（FEMA）、地理测绘局（USGS）、交通安全署（TSA）、美国红十字会等机构开通了网站、博客或论坛，应用人际互动的社交媒体实时收集、研判和发布信息。日本建立了一套完善的灾害预警系统，利用室外扩声器、住户内独立接收机、通报型无线装置以及电视及广播等向居民发布灾害预报和警报。2007 年 4 月后，在日本出售的手机都安装了全球定位系统（GPS）接收器，以便救援人员及时追踪到打电话人的位置。

面对信息技术广泛用于城市管理的趋势，我国需要加强对国际前沿信息技术的跟踪研究，把握互联网传播速度快、互动性强、参与性广的基本特点，分析其对我国城市管理工作带来的机遇与挑战。采取疏堵并举的方式，及时发现和处理我国在推进城市信息化的过程中可能出现的各种新情况、新矛盾、新问题。在综合运用法律、行政、经济等手段强化管理的同时，充分发挥互联网在信息收集、分析、研判、发布等方面的重要功能，切实做到突发事件"早发现、早研判、早报告、早控制、早解决"。把互联网纳入突发事件监测预警系统，建立多种手段有机统一的跨部门、跨区域、跨灾种的综合预警监测平台和预警信息发布平台，充分利用社交媒体、电视、广播、网络、手机短信、电子显示屏、语音电话、传真等多种渠道，快速、及时地收集和发布信息。

思考题

1. 城市管理的定义是什么，我国城市管理面临的问题？
2. 如何从系统的角度看待城市管理？
3. 信息化的概念，发展目标、过程和模式。
4. 信息化对城市管理有哪些推动作用？
5. 城市信息化的概念，如何看待城市信息化建设的必然性？
6. 试论述信息化能给城市管理带来哪些好处？

第 2 章　城市管理信息系统

2.1　信息及信息系统

2.1.1　信息

"信息"一词有着很悠久的历史，早在两千多年前的西汉，即有"信"字的出现。"信"常可作消息来理解。作为日常用语，"信息"经常是指"声讯、消息"的意思，但至今信息还没有一个公认的定义。

信息是系统的组成部分，是物质和能量的形态、结构、属性和含义的表征，是人类认识客观的纽带。如物质表现为具有一定质量、体积、形状、颜色、温度、强度等性能。这些物质的属性都是以信息的形式表达的。我们通过信息认识物质、认识能量、认识系统、认识周围世界。

2.1.2　信息系统

信息系统是由计算机硬件、网络和通信设备、计算机软件、信息资源、信息用户和规章制度组成的以处理信息流为目的的人机一体化系统。

信息系统经历了从单机到网络，由低级到高级，由电子数据处理到管理信息系统，再到决策支持系统，由数据处理到智能处理的过程，这个发展大致经历了如下几个阶段：

1. 电子数据处理

20 世纪 50 年代中期开始，计算机开始在企业管理中应用。计算机在企业管理中最早的应用是工资数据处理，目的是加快数据的处理速度和提高数据处理的精确度。这时候的计算机应用情况，被称为电子数据处理（Electronic Data Processing，EDP）。

2. 事务处理系统

继电子数据处理之后，计算机技术在企业中的许多管理领域内得以使用，这时候的计算机应用开始普及，许多重复性、数据量庞大的工作都使用计算机来完成。但是，这种应用还只是作为事务处理的工具。这个阶段的计算机应用被称为事务处理系统（Transaction Processing System，TPS）。

3. 管理信息系统

进入 20 世纪 60 年代后，操作系统、数据库系统都已经开始成熟，因此计算机在企业管理中的应用更加普及。这时候，使用计算机不仅仅完成业务数据的处理，还使用计算机系统按照预先规定好的数学模型，处理一些诸如统计等复杂的操作。这个阶段的计算机应用被称为管理信息系统（Management Information System，MIS）。

4. 办公自动化系统

进入 20 世纪 70 年代末，个人计算机、局域网迅速发展起来，且性能越来越高。人们希望利用计算机技术来完成那些琐碎、繁重的文档管理、公文传送、记事、调度等工作，并且把办公室中的所有工作人员置入一个协同的工作环境中，可以共享网络中的各种资源。这个阶段的计算机应用被称为办公自动化系统（Office Automation System，OAS）。

5. 决策支持系统

20 世纪 80 年代初，决策支持系统（Decision Support System，DSS）的概念开始出现了。之所以出现决策支持系统的概念，是因为企业中的决策者已经不满足使用计算机技术处理那些常规的操作，而是希望自己也参与到计算机系统中，并且可以根据需要随时调整参数，以便分析和比较复杂的决策问题。

6. 其他分类系统

进入 20 世纪 90 年代以来，随着计算机技术的高速发展和因特网的出现，计算机技术的应用越来越重要。曾经或现在非常流行的新概念包括：

企业资源计划（Enterprise Resources Planning，ERP）

供应链管理（Supply Chain Management，SCM）

客户关系管理（Customer Relationship Management，CRM）

企业间信息系统（Inter Organizational Information System，IOIS）

战略信息系统（Strategic Information System，SIS）

城市管理信息系统（Urban Management Information System，UMIS）

2.2　城市管理信息系统的概念

城市管理信息系统指在城市管理活动中，通过将城市管理对象的地域特征，形象特征，属性特征数字化，并将这些数字化后的特征数据采用计算机、网络等信息技术手段，进行存储、传输、整合、分析，最终以声音、图像、图形、文字等形式输出，作为城市管理的重要技术依据，以提高城市管理效率、质量和整体水平，维护和拓展城市综合功能的整个过程。

2.3　城市管理信息系统的内涵及其特性分析

利用信息化技术进行城市管理，可以将法制、行政的定性管理方法加以量化，其存储、传输、处理信息的数量、速率，是传统人工方式难以达到的，城市管理的效率将成倍提高，整个城市管理也将实现质的飞跃。一般来说，信息化技术应用于城市管理有以下几个特性：

（1）数据处理量巨大。由于运用了现代计算机强大的数据处理能力，使得处理日益增多且繁复的城市管理信息成为可能且非常便捷，其处理数据能力是人工所无法比拟的。

（2）以网络实现互联。可利用现有的电话网、公共数字网、有线电视网等公共通信线路和城市管理部门已有的专线网，实现城市管理各专业系统间互联、城市管理部门和市民间互访，使这些部门之间、与市民之间的沟通迅速而便捷。

（3）可实时动态监控。运用实时监控设备，通过网络传输，可在控制室内实现远程监控管理，使城市管理由静态向动态转化。

（4）表现手法丰富多样。运用地理信息系统（Geographic Information System，GIS）等技术，使城市管理对象的地域特征、形象特征、属性特征能方便全面地得以表现，表现方法既可以是图形，又可以是属性文字，还可以是声音、图像，可使城市管理过程变得形象、生动，甚至虚拟逼真，城市管理效率和准确性得以提高。

2.4　城市管理信息化的必要性与可行性分析

2.4.1　必要性分析

1. 有助于城市总体信息化水平的提高

在全球信息化浪潮推动下，部分城市已将信息产业列为支柱产业。城市管理是城市社会、经济活动中的一个重要环节。城市管理与城市社会、经济活动有着千丝万缕的联系。因此，从受城市信息化水平普遍提高形势鞭策和城市管理自身的现代化要求来看，城市管理信息化已显十分迫切。现代化城市应具备信息化管理手段，否则，将会影响全市总体信息化水平进一步提高，也将影响城市综合竞争能力的进一步提高。

2. 有助于城市管理效率和水平进一步提高

随着城市管理机构改革、城市管理职能转变和城市管理对象、任务的不断增加，依靠传统的以人工为主的管理手段，已不能适应市民对城市总体功能、形象、环境要求日益提高的新形势发展要求，城市管理在以法制、行政手段为主的前提下正呼唤着信息化技术手段的介入。

从城市管理机构改革来看，管理人员相对少了，但管理任务却未减少。提高管理工作效率成为当务之急，所以必须借助信息化手段辅助管理。

从城市管理对象和任务量来看，城市管理对象增加且科技含量越来越高，有些本身就是信息化基础设施，管理任务量也越发繁重。如：城市道路从地面发展到高架和隧道，交通设施发展到科技含量较高的地铁、轻轨、无人驾驶观光车等。城市管理对象的复杂化、高科技化和管理任务量急剧增加，单靠传统的人工管理已显力不从心，况且有些靠人工根本无法管理。因此，城市管理必须依赖于信息化管理手段。

从提高城市管理决策层次来看，信息化手段将为城市管理基本信息提供整合分析的平台，使决策者能在掌握全面信息的基础上做出理性的决策。

从加强城市管理专业系统之间和与市民之间沟通来看，可通过网络、计算机等信息化设施，便捷地进行数据传输、信息交换，实现信息共享和与市民间的双向沟通，改变城市管理各专业系统的封闭状况，使市民能参与城市管理活动。

从城市管理向动态和长效转化来看，信息化手段将提供更为丰富的表现手法，可通过实时监控设施，做到实时监管，使城市管理问题能在第一时间内解决，动态数据更新也更为便捷和准确。城管执法也因有了更为先进的技术手段，而增加执法严肃性和可信度，以达到长效管理目标。

2.4.2　可行性分析

1. 外部基础分析

现在大部分城市进行城市管理信息系统工作的外部基础条件已相当成熟，并不需要投入巨额投资。首先，可利用现有的电话网络，有线电视网络等公共线路，进行城市管理各专业系统之间的网络沟通。例如：2005 年，上海已建成覆盖全市 6430km² 的光纤电话网。上海邮电、上海广电、上海科技网和联通的光纤总量已超过 1 万皮长公里。上海有线电视网目前已拥有 300 万用户，其中 100 万用户已经完成双向改造，光缆总长超过 4000km，是当时世界上最大的城域有线电视网。因此，城市管理信息化的网络物理基础是非常扎实的。

其次，信息网络技术和各种产品日趋成熟，也保证了城市管理信息化技术上的可行性。

另外，国外也有城市管理信息化的经验可借鉴。如：加拿大的魁北克市，从 1989 年就开始将信息化手段应用于城市管理。他们于当年安装了城市地理信息系统，将城市管理信息归集于两个基本电子地图上，一个是地形图，一个是地产分割图，含有市政地址、地产标号、所在区域等地理信息。然后，将这些城市管理信息数据分为八大类，分别为：土地规划、法律规范、税务、普通管理（通过划分区域收入评判投资效益，收支效益和税务效益）、人口、市政基础设施网络设计与开发、基础设施养护、为市民提供的服务等，最后将这八类信息数据叠加到两个基本电子地图上，进行城市管理活动。日本在 20 世纪 90 年代初就开始建立地下管线信息系统，用于管线工程项目的审批，开工计划安排以及竣工验收资料存储。美国的全美数字化地图早已广泛使用，特别是主干道路、高速公路运行状况，已可通过互联网浏览，无论在世界哪个地方，都可通过互联网了解美国有关道路施工、交通状况。通过图上监控标注符号，可以直接了解监控路段车辆行驶和车速情况。

2. 内部条件成熟

20 世纪 60 年代，应用计算机进行基础设施工程设计计算。20 世纪 80 年代，计算机应用进入辅助设计领域，在图形信息，办公自动化等方面也得到应用，并且开始涉足城市管理领域，如城市管理基本数据处理，城市自来水、煤气远动控制管理等。目前，城市管理各专业系统大都设立了信息管理部门，建有内部局域网。但这些局域网目前仅局限于机构内部办公自动化和信息库管理，部分用于业务管理。各专业系统间的信息共享和整合还未实现。

作为城市管理信息系统主要技术手段之一的航空遥感已进行了三轮航空遥感，已发展到遥感与城市地理信息系统相叠加的整合阶段，以清晰的影像为城市管理提供了精确、宏观的背景资料。一些城市管理项目也已应用信息化管理手段。这一切都表明，城市管理信息系统开展信息化管理工作是具备一定的基础条件的。成熟的内部条件为城市管理信息化工作打下了良好的基础。

2.5 城市管理信息化发展战略

2.5.1 指导思想

1. 城市管理信息化要坚持以高起点、高科技、广兼容为指导思想

信息化作为一种新兴的技术手段应用于城市管理，一定要在较高的起跑线上起步，瞄准世界先进水平，应用最新科技成果，以发挥信息化管理最大优势。同时，还要注重与其

他系统技术的兼容性。如：要注重与城市建设系统信息化技术相兼容，与城市管理相关系统，与全市综合信息系统，与航空遥感、卫星遥感、全球定位系统，和未来的虚拟现实技术等相兼容，使城市管理信息化系统融入全市总体信息化系统之中。

2. 城市管理信息化要坚持以行政管理与信息化手段相结合为指导思想

城市管理信息化只是作为一种较为科学、先进的辅助管理手段，应用于城市管理领域。城市管理主要还是要依靠完善适用的法制和一定的行政手段来开展工作。因此，城市管理信息化，并不是城市管理依靠信息化就能实现全部目标，也不是一用信息化就灵，在开展具体城市管理中要分清主次，把握主流。

3. 城市管理信息化要坚持以走市场化道路为指导思想

开展城市管理信息化工作，政府资助和引导固然重要，但始终要以走市场化道路为指导思想。等、靠、要的做法只能减缓城市管理信息化进程。特别是在信息化基础设施建设投融资等方面，要面向市场主动出击。并要做好信息产品制造企业，信息服务咨询企业的组建、培育工作。

2.5.2　目标重点

1. 近期目标重点

建立和完善城市管理各专业子系统，实现各专业子系统之间的双向沟通、信息共享，通过综合平台整合，为城市管理决策提供全方位完整信息依据，使城市管理初步走上信息化。完善网络建设，使其向提供城市管理信息服务方向转化，加强与市民的双向沟通。建立一个城市管理信息服务内部政务网，将信息化手段部分应用于具体管理工作流程中。

2. 远期目标重点

将城市管理对象全部数字化，充分应用网络技术、3S技术、远动技术、虚拟技术等先进技术手段，使信息化手段在城市管理领域应用更广泛，层次更鲜明，在城市形成一个管理对象数字化、管理专业网络化、数据动态整合化、管理远动虚拟化、管理决策理性化的城市管理信息化系统，使城市管理信息化水平接近或超过发达国家中心城市先进水平。

2.5.3　战略框架

城市管理信息化将形成一个完整的系统工程。设想其战略框架由完善的组织体制、先进的基础设施、系统的结构层次和广阔的服务层面四部分构成。

1. 组织体制

强化城市建设信息化工作领导小组职能，城市管理各专业系统相应落实主管机构，城市管理各专业基层单位配备专业化信息管理员，形成严密的城市管理信息化组织体系，保障城市管理信息化工作顺利开展。

2. 基础设施

城市管理信息化基础设施将由硬件设施和软件设施组成：

硬件设施——由传输线路（可设专线，也可利用电信、有线电视网等公众线路）、各类处理服务器、大容量存储器、终端控制设备、防火墙等设备构成。

软件设施——由数据库、指标体系、网络通信规范、信息共享规则、信息安全管理规定、各类应用软件等构成。

3. 结构层次

城市管理信息化系统结构分以下三个层次：

基础层——专业系统分支机构和实时监控点等基本数据信息采集层。

系统层——城市管理各专业系统的信息数据整合平台层。

整合层——综合平台层，将各管理专业系统层信息数据整合、分析、加工，最终通过各种表现手法输出，供城市管理决策层参考。

城市管理信息化系统具有由空中、地面、地下构成的立体结构特征。

空中特征——表现在采用卫星定位、卫星遥感、航空遥感信息采集、反映城市管理基本信息。

地面特征——表现在应用城市地理信息系统，通过图形和数据文字表达城市管理对象地表特征。

地下特征——表现在采用城市管理信息化系统远程控制、管理城市地下管线、地下空间的特征。

4. 服务层面

城市管理信息化系统将面向三个服务层面：

决策层面——将城市管理各专业系统的基本信息数据整合、分析、加工后，形成全面、完整的城市管理综合信息，以文字、图形、影像等表现手法输出，为城市管理决策层决策服务。

系统层面——通过城市管理各专业系统间的互相沟通，使城市管理基本信息能为各管理专业系统所共享，为各专业系统管理工作服务。

市民层面——通过对各类城市管理基本信息筛选，将其中贴近市民生活、与市民切身利益相关的城市管理信息，经面向市民的服务网，向市民提供城市管理信息服务。

2.6　城市管理信息系统建设的保障措施

2.6.1　组织建设

组织工作是城市管理信息化工作能顺利开展的重要保障。城市管理信息化工作，涉及城市规划、建设、管理各部门。既需要有关部门设专业人员收集、分析数据，又需要有能跨越不同专业系统进行综合领导、协调的机构。为此，建议城市管理信息化组织体制采取"强化领导小组职能，设置主管职能机构，配备专业工作人员"的模式。

2.6.2　技术保障

1. 网络体系建设

网络体系是技术上支撑城市管理信息化系统的关键，其作用是通过物理线路将各专业子系统、专业子系统基础层、整合平台、服务网、管理决策层、其他专业系统乃至因特网等，联成一个强大的网络体系。该物理线路可利用公众线路，也可独立设置。

2. 建立指标体系

即要统一城市管理信息化的"度量衡"。城市管理信息化系统由不同专业子系统构成，如相关指标体系、技术标准不统一，整合平台就无法进行汇总、分析，各专业子系统也无法进行有效沟通，不具可比性。指标体系是城市管理信息化工作的重要基础。建议尽快加以研究、建立指标体系，将该项工作列入议事日程，走在城市管理信息系统工作前列。

3. 3S 技术应用

3S 技术系指遥感技术（Remote Sensing，RS）、地理信息系统（Geographic Information System，GIS）和全球定位系统（Global Positioning System，GPS）的统称。3S 技术是城市管理信息化工作中十分有效的基础技术。RS 则为城市规划管理等提供了宏观而精确、直观的背景资料。GIS 为表述城市管理对象地理位置、空间特征、基本信息提供了强有力的工具。GPS 为城市监管提供了动态、精确的位置信息。

因此，建议要在城市管理信息化系统中加大 3S 技术应用力度，各管理专业子系统首先要建立高标准的 GIS 系统，并充分借助 RS 资料做好本系统的规划管理等工作。建议加快 RS 航摄资料数字化工作进程，建立起以 RS 图片资料为主的城市管理 RS 影像信息库，并与 GIS 系统兼容，形成功能强大的 GIS-RS 合成系统。

2.6.3　资源整合

城市管理信息化工作的资源是基本信息数据，即最基本的数据资料。基本信息数据的采集、更新是城市管理信息化的根本基础工作。

建议注重抓好基本信息资源的源头采集工作，各专业子系统基层单位要配备专业人员，专职负责数据采集、更新工作。更要注重数据及时更新工作，制定数据更新的时限等标准，保证基本信息数据真实、及时、准确、丰富。

2.6.4　市场培育

城市管理信息化工作要坚持走市场化道路，在工作一开始就要高度重视市场培育工作。

（1）要鼓励不同经济成分的企业介入，走融资多元化道路，允许企业投资网络建设、数据采集、更新、维护等领域。

（2）在建设系统培育一批信息产品加工企业。如 GPS 生产企业。

（3）组建一批信息服务和咨询企业。充分利用强大的城市管理影像、数据库资源，开发信息服务新项目、新产品，并通过组建一批信息服务和咨询企业，实现部分城市管理信息资料有偿使用、城市管理信息化工作市场化目标。

2.6.5　政策支撑

城市管理信息化工作同样需要法规政策支撑和规范。建议抓紧制定相应配套法规、政策。如，城市管理信息化工作人才是关键，应制定鼓励引进国内外优秀人才具体政策。另如，信息共享的范围、权限、信息有偿使用的界限和法律责任等，也需由政策加以明确。还应制定城市管理信息化工作市场化运作具体政策等。

思考题

1. 什么是信息和信息系统，其和城市管理信息系统的关系是什么？
2. 城市管理信息系统的定义是什么？
3. 论述城市管理信息化的必要性？
4. 论述城市管理信息化建设的保障措施？

第 3 章　城市信息化管理的技术基础

城市信息化管理的技术基础主要是计算机技术、"3S"技术、数据库技术、网络技术。其建设的关键是多技术的有机合成。

3.1　计算机技术

计算机是按人的要求接收和存储信息，自动进行数据处理和计算，并输出结果信息的机器系统。计算机是脑力的延伸和扩充，是近代科学的重大成就之一。计算机技术的内容非常广泛，包括计算机硬件、软件及其应用等诸多内容。

自 1946 年第一台电子计算机 ENIAC 问世以来，计算机技术硬件系统结构、软件系统、应用等方面，均有惊人进步。现代计算机系统已广泛用于科学计算、事务处理和过程控制，日益深入社会各个领域，对社会的进步产生深刻影响。

3.1.1　计算机系统组成

计算机系统由硬件系统和软件系统两大部分组成，见图 3-1。计算机系统具有接收和存储信息、按程序快速计算和判断并输出处理结果等功能。

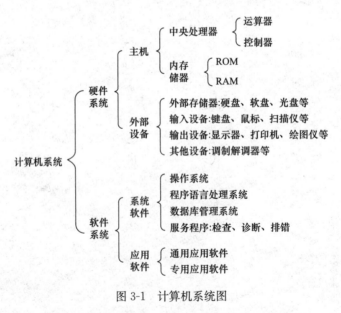

图 3-1　计算机系统图

1. 计算机的硬件系统

计算机硬件是指组成一台计算机的各种物理装置，是计算机进行工作的物质基础。根据冯·诺依曼体系结构（图 3-2），计算机硬件系统一般由五大部分组成，即运算器、控制器、存储器、输入设备和输出设备。

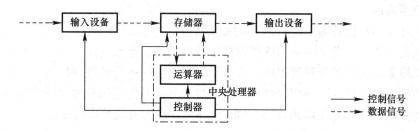

图 3-2　冯·诺依曼体系结构图

（1）运算器

运算器由算术逻辑单元（Arithmetic Logic Unit，ALU）、寄存器和一些控制门电路等组成。算术逻辑单元通过算术运算或逻辑运算来进行算术逻辑运算。寄存器用来提供参与运算的操作数，并存放运算的结果。哪些数参与运算，由输入控制门的条件决定。

（2）控制器

控制器是计算机的核心部件，它的功能是指示程序的执行过程，即决定在什么时间根据什么条件做什么事情。微型计算机系统中，把运算器和控制器结合在一起，叫作中央处理器（CPU），各部分之间采用总线方式连接。

（3）存储器

存储器分为两大类：内存储器和外存储器。内存储器又称为主存储器，外存储器又称为辅助存储器。内存是 CPU 可直接访问的存储器，是计算机中的工作存储器，可以分为两大类：随机存取器 RAM 和只读存储器 ROM。

（4）输入设备

输入设备是向计算机输入数据和信息的设备，是计算机与用户或其他设备通信的桥梁。输入设备是用户和计算机系统之间进行信息交换的主要装置之一。常用的输入设备有：鼠标、键盘、扫描仪、数字化仪、摄像机、条形码阅读器、笔输入设备、数码相机、传真机、A/D 转换器等。

（5）输出设备

输出设备是人与计算机交互的一种部件，用于数据的输出。它把各种计算结果数据或信息以数字、字符、图像、声音等形式表示出来。最常用的输出设备有：显示器、打印机、绘图仪、X-Y 记录仪、各种数模转换器（D/A）等。

从信息的输入输出角度来说，某些设备既是输入设备，又是输出设备，例如调制解调器。

2. 计算机的软件系统

计算机软件是指计算机程序和有关的文档。软件系统包含系统软件和应用软件两部分，如图 3-1 所示。

（1）系统软件

系统软件是指负责管理、监控和维护计算机硬件和软件资源的一种软件。系统软件用于发挥和扩大计算机的功能及用途，提高计算机的工作效率，方便用户的使用。系统软件主要包括操作系统、程序语言处理系统、数据库管理系统、系统服务程序以及故障诊断程序、调试程序等工具软件。

（2）应用软件

应用软件是用户按其需要自行编写的专用程序，它借助系统软件和支援软件来运行，是软件系统的最外层。常见的应用软件有科学计算程序、图形与图像处理软件、自动控制程序、情报检索系统、工资管理程序、人事管理程序、财务管理程序以及计算机辅助设计与制造、辅助教学等软件。应用软件可以进一步细分为专用应用软件和通用应用软件。例如 ENVI 为遥感方向的专用应用软件，Office 办公软件为通用的应用软件。

3.1.2　计算机系统的分类

1. 按工作原理分类

计算机处理的信息，在机内可用离散量或连续量两种不同的形式表示。离散量也称为断续量，即用二进制数字表示的量（如用断续的电脉冲来表示数字 0 或 1）。连续量则用连续变化的物理量（如电压的振幅等）表示被运算量的大小。根据计算机信息表示形式和处理方式的不同，可将计算机分为电子数字计算机（采用数字技术，处理离散量）和电子模拟计算机（采用模拟技术，处理连续量）。其中，使用最多的是电子数字计算机，而电子模拟计算机用得很少。由于当今使用的计算机绝大多数都是电子数字计算机，故将其简称为电子计算机。

2. 按应用分类

根据计算机的用途和适用领域，可分为：通用计算机、专用计算机。通用计算机的用途广泛，功能齐全，可适用于各个领域。专用计算机是为某一特定用途而设计的计算机。其中，通用计算机数量最大，应用最广，目前市面上出售的计算机一般都是通用计算机。

3. 按规模分类

根据计算机的规模（主要指硬件性能指标及软件配置）大小，可分为：巨型机、大型机、中型机、小型机、微型机。当今计算机的发展呈现出多极化的趋势，而微型化和巨型化则是其中的两个重要方向。多极化是指巨、大、中、小、微各机种均在发展，它们在计算机家族中都占有一席之地，拥有各自的应用领域。其中，微型机发展最快，数量最多，应用最普及。

3.1.3　计算机系统的性能指标

评价计算机性能的指标主要有：

（1）字长：指计算机能一次同时处理的二进制数码的位数。它是计算机的一个重要技术性能指标。

（2）运算速度：用每秒钟能执行多少条指令来表示，单位一般用 MIPS（百万条指令/秒）。

（3）内存容量：内存储器中能存储信息的总字节数。计算机内存容量越大，程序运行速度越快，可运行的程序也越多。

（4）主频：指计算机 CPU 的时钟频率。主频的单位一般用兆赫兹（MHz）来表示。它在很大程度上决定了计算机的运算速度。

（5）存取周期：存储器完成一次读（取）或写（存）信息操作所需的时间称存储器的

存取（或访问）时间，而连续两次读或写所需的最短时间，称为存储器的存取周期（或存储周期）。存储器的存取周期越短，计算机的运算速度就越快。

（6）总线宽度：总线是由数据总线 DB、地址总线 AB 和控制总线 CB 三组线构成的，每组线由若干根线组成。总线越宽，计算机的处理能力越强。

3.2 3S 技术

"3S" 技术，即 GPS（全球卫星定位系统）、RS（遥感）和 GIS（地理信息系统），其核心是 GIS 技术。是目前对地观测系统中空间信息获取、存储管理、更新、分析和应用的三大支撑技术。

3.2.1 遥感（RS）

遥感（Remote Sensing RS）是 20 世纪 60 年代新兴的科学领域之一，是人类迈向太空，对地观测，获取地表空间信息的一种先进科学技术和生产力。具有宏观、准确、综合地进行动态观测与监测的能力。中国的遥感科学技术事业，起步于 20 世纪 70 年代末期。

1. 遥感的概念

"遥感"，顾名思义，就是遥远地感知。传说中的"千里眼"、"顺风耳"就具有这样的能力。人类通过大量的实践发现地球上每一个物体都在不停地吸收、发射和反射信息和能量，其中有一种人类已经认识到的形式——电磁波，并且发现不同物体的电磁波特性是不同的。遥感就是根据这个原理来探测地表物体对电磁波的反射和其发射的电磁波，从而提取这些物体的信息，完成远距离识别物体。

例如，大兴安岭森林火灾发生的时候，由于着火的树木温度比没有着火的树木温度高，它们在电磁波的热红外波段会辐射出比没有着火的树木更多的能量，这样，当消防指挥官面对着熊熊烈火担心不已的时候，如果这时候正好有一个载着热红外波段传感器的卫星经过大兴安岭上空，传感器拍摄到大兴安岭周围方圆上万平方公里的影像，因为着火的森林在热红外波段比没着火的森林辐射更多的电磁能量，在影像着火的森林就会显示出比没有着火的森林更亮的浅色调。当影像经过处理，交到消防指挥官手里时，指挥官一看，图像上发亮的范围这么大，而消防队员只是集中在一个很小的地点上，说明火情逼人，必须马上调遣更多的消防员到不同的地点参加灭火战斗。

上面的例子说明了遥感的基本原理和过程，也涉及遥感的许多方面。除了上文提到的不同物体具有不同的电磁波特性这一基本特征外，还有遥感平台，在上面的例子中就是卫星了，它的作用就是稳定地运载传感器。除了卫星，常用的遥感平台还有飞机、气球等；当在地面试验时，还会用到地面像三脚架这样简单的遥感平台。传感器就是安装在遥感平台上探测物体电磁波的仪器。针对不同的应用和波段范围，人们已经研究出很多种传感器，探测和接收物体在可见光、红外线和微波范围内的电磁辐射。传感器会把这些电磁辐射按照一定的规律转换为原始图像。原始图像被地面站接收后，要经过一系列复杂的处理，才能提供给不同的用户使用，他们才能用这些处理过的影像开展自己的工作。

由于遥感在地表资源环境监测、农作物估产、灾害监测、全球变化等等许多方面具有显而易见的优势，它正处于飞速发展中。更理想的平台、更先进的传感器和影像处理技术正在不断地发展，以促进遥感在更广泛的领域里发挥更大的作用。

遥感是指非接触的，远距离的探测技术。一般指运用传感器/遥感器对物体的电磁波的辐射、反射特性的探测，并根据其特性对物体的性质、特征和状态进行分析的理论、方法和应用的科学技术。

广义定义：遥远的感知，泛指一切无接触的远距离探测，包括对电磁场、力场、机械波（声波、地震波）等的探测。自然现象中的遥感：蝙蝠、响尾蛇、人眼、人耳等。

狭义定义：是应用探测仪器，不与探测目标相接触，从远处把目标的电磁波特性记录下来，通过分析，揭示出物体的特征性质及其变化的综合性探测技术。

2. 遥感的基本原理

从科学的角度来说，电磁波是能量的一种，凡是高于绝对零度的物体，都会释放出电磁波。正像人们一直生活在空气中而眼睛却看不见空气一样，除光波外，人们也看不见无处不在的电磁波。电磁波就是这样一位与人类素未谋面的"朋友"。电磁波包括的范围很广。

无线电波、红外线、可见光、紫外线、X射线、γ射线都是电磁波。它们的区别仅在于频率或波长有很大差别。可见光的频率比无线电波的频率要高很多，可见光的波长比无线电波的波长短很多；而 X 射线和 γ 射线的频率则更高，波长则更短。为了对各种电磁波有个全面的了解，人们按照波长或频率的顺序把这些电磁波排列起来，制成电磁波谱，如图 3-3 所示。

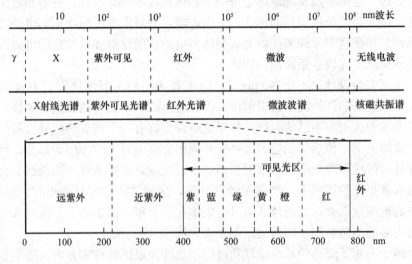

图 3-3　电磁波谱图

任何物体都具有光谱特性，具体地说，它们都具有不同的吸收、反射、辐射光谱的性能。在同一光谱区各种物体反映的情况不同，同一物体对不同光谱的反映也有明显差别。即使是同一物体，在不同的时间和地点，由于太阳光照射角度不同，它们反射和吸收的光谱也各不相同。遥感技术就是根据这些原理，对物体作出判断。

遥感技术通常是使用绿光、红光和红外光三种光谱波段进行探测。绿光段一般用来探测地下水、岩石和土壤的特性；红光段探测植物生长、变化及水污染等；红外段探测土地、矿产及资源。此外，还有微波段，用来探测气象云层及海底鱼群的游弋。

3. 遥感技术的特点

遥感作为一门对地观测综合性技术，它的出现和发展既是人们认识和探索自然界的客观需要，更有其他技术手段无法比拟的特点。遥感技术的特点归结起来主要有以下三个方面：

(1) 探测范围广、采集数据快。遥感探测能在较短的时间内，从空中乃至宇宙空间对大范围地区进行对地观测，并从中获取有价值的遥感数据。这些数据拓展了人们的视觉空间，为宏观地掌握地面事物的现状情况创造了极为有利的条件，同时也为宏观地研究自然现象和规律提供了宝贵的第一手资料。这种先进的技术手段与传统的手工作业相比是不可替代的。

(2) 能动态反映地面事物的变化。遥感探测能周期性、重复地对同一地区进行对地观测，这有助于人们通过所获取的遥感数据，发现并动态地跟踪地球上许多事物的变化。同时，研究自然界的变化规律。尤其是在监视天气状况、自然灾害、环境污染甚至军事目标等方面，遥感的运用就显得格外重要。

(3) 获取的数据具有综合性。遥感探测所获取的是同一时段、覆盖大范围地区的遥感数据，这些数据综合地展现了地球上许多自然与人文现象，宏观地反映了地球上各种事物的形态与分布，真实地体现了地质、地貌、土壤、植被、水文、人工构筑物等的特征，全面地揭示了地理事物之间的关联性。并且这些数据在时间上具有相同的现势性。

4. 遥感系统的组成

遥感是一门对地观测综合性技术，它的实现既需要一整套的技术装备，又需要多种学科的参与和配合，因此实施遥感是一项复杂的系统工程。根据遥感的定义，遥感系统主要由以下四大部分组成：

(1) 信息源。信息源是遥感需要对其进行探测的目标物。任何目标物都具有反射、吸收、透射及辐射电磁波的特性，当目标物与电磁波发生相互作用时会形成目标物的电磁波特性，这就为遥感探测提供了获取信息的依据。

(2) 信息获取。信息获取是指运用遥感技术装备接收、记录目标物电磁波特性的探测过程。信息获取所采用的遥感技术装备主要包括遥感平台和传感器。其中遥感平台是用来搭载传感器的运载工具，常用的有气球、飞机和人造卫星等；传感器是用来探测目标物电磁波特性的仪器设备，常用的有照相机、扫描仪和成像雷达等。

(3) 信息处理。信息处理是指运用光学仪器和计算机设备对所获取的遥感信息进行校正、分析和解译处理的技术过程。信息处理的作用是通过对遥感信息的校正、分析和解译处理，掌握或清除遥感原始信息的误差，梳理、归纳出被探测目标物的影像特征，然后依据特征从遥感信息中识别并提取所需的有用信息。

(4) 信息应用。信息应用是指专业人员按不同的目的将遥感信息应用于各业务领域的使用过程。信息应用的基本方法是将遥感信息作为地理信息系统的数据源，供人们对其进行查询、统计和分析利用。遥感的应用领域十分广泛，最主要的应用有：军事、地质矿产勘探、自然资源调查、地图测绘、环境监测以及城市建设和管理等。

5. 遥感的分类

(1) 按遥感平台的高度分类大体上可分为航天遥感、航空遥感和地面遥感。

航天遥感又称太空遥感（Space Remote Sensing）泛指利用各种太空飞行器为平台的

遥感技术系统，以地球人造卫星为主体，包括载人飞船、航天飞机和太空站，有时也把各种行星探测器包括在内。

卫星遥感（Satellite Remote Sensing）为航天遥感的组成部分，以人造地球卫星作为遥感平台，主要利用卫星对地球和低层大气进行光学和电子观测。

航空遥感（Aerial Remote Sensing）泛指从飞机、飞艇、气球等空中平台对地观测的遥感技术系统。

地面遥感（Ground Remote Sensing）主要指以高塔、车、船为平台的遥感技术系统，地物波谱仪或传感器安装在这些地面平台上，可进行各种地物波谱测量。

（2）按所利用的电磁波的光谱段分类可分为可见/反射红外遥感、热红外遥感、微波遥感三种类型。

可见光/反射红外遥感，主要指利用可见光（$0.4\sim0.7\mu m$）和近红外（$0.7\sim2.5\mu m$）波段的遥感技术统称，前者是人眼可见的波段，后者即是反射红外波段，人眼虽不能直接看见，但其信息能被特殊遥感器所接受。它们的共同特点是，其辐射源是太阳，在这二个波段上只反映地物对太阳辐射的反射，根据地物反射率的差异，就可以获得有关目标物的信息，它们都可以用摄影方式和扫描方式成像。

热红外遥感，指通过红外敏感元件，探测物体的热辐射能量，显示目标的辐射温度或热场图像的遥感技术的统称。遥感中指 $8\sim14\mu m$ 波段范围。地物在常温（约300K）下热辐射的绝大部分能量位于此波段，在此波段地物的热辐射能量，大于太阳的反射能量。热红外遥感具有昼夜工作的能力。

微波遥感，指利用波长 $1\sim1000mm$ 电磁波遥感的统称。通过接收地面物体发射的微波辐射能量，或接收遥感仪器本身发出的电磁波束的回波信号，对物体进行探测、识别和分析。微波遥感的特点是对云层、地表植被、松散沙层和干燥冰雪具有一定的穿透能力，又能夜以继日地全天候工作。

（3）按研究对象分类可分为资源遥感与环境遥感两大类。

资源遥感：以地球资源作为调查研究对象的遥感方法和实践，调查自然资源状况和监测再生资源的动态变化，是遥感技术应用的主要领域之一。利用遥感信息勘测地球资源，成本低、速度快，有利于克服自然界恶劣环境的限制，减少勘测投资的盲目性。

环境遥感：利用各种遥感技术，对自然与社会环境的动态变化进行监测或作出评价与预报的统称。由于人口的增长与资源的开发、利用，自然与社会环境随时都在发生变化，利用遥感多时相、周期短的特点，可以迅速为环境监测、评价和预报提供可靠依据。

（4）按应用空间尺度分类可分为全球遥感、区域遥感和城市遥感。

全球遥感：全面系统地研究全球性资源与环境问题的遥感的统称。

区域遥感：以区域资源开发和环境保护为目的的遥感信息工程，它通常按行政区划（国家、省区等）和自然区划（如流域）或经济区进行。

城市遥感：以城市环境、生态作为主要调查研究对象的遥感工程。

6. 遥感常用的传感器

传感器是收集、量测和记录遥远目标的信息的仪器，是遥感技术系统的核心。传感器一般由信息收集、探测系统、信息处理和信息输出4部分组成，如图3-4所示。

常用的传感器：航空摄影机（航摄仪）、全景摄影机、多光谱摄影机、多光谱扫描仪

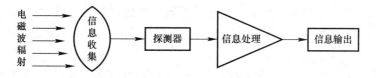

图 3-4　传感器组成图

(Multi Spectral Scanner，MSS)、专题制图仪（Thematic Mapper，TM)、反束光导摄像管（RBV）、HRV（High Resolution Visible Range Instruments）扫描仪、合成孔径侧视雷达（Side-Looking Airborne Radar，SLAR)。

7. 常用的遥感数据

太阳辐射经过大气层到达地面，一部分与地面发生作用后反射，再次经过大气层，到达传感器。传感器将这部分能量记录下来，传回地面，即为遥感数据，如图 3-5 所示。

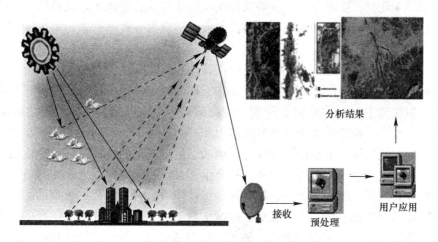

分析结果

接收　预处理　用户应用

图 3-5　遥感数据获取图

常用的遥感数据有：美国陆地卫星（Landsat5、Landsat7）的遥感数据、美国 Digi-talGlobeg 公司的 QuickBird、美国 Space Imaging 的 IKNOS、法国 SPOT 卫星遥感数据、中巴资源卫星的遥感数据、加拿大 Radarsat 雷达遥感数据等。

8. 遥感数据的分辨率

共有四种分辨率，分别为光谱分辨率（也叫波谱分辨率）、空间分辨率、辐射分辨率和时间分辨率。

光谱分辨率（Spectral Resolution）是指遥感器能分辨的最小波长间隔，是遥感器的性能指标。遥感器的波段划分得越细，光谱的分辨率就越高，遥感影像区分不同地物的能力越强。

空间分辨率（Spatial Resolution）是指遥感影像上能够识别的两个相邻地物的最小距离。对于摄影影像，通常用单位长度内包含可分辨的黑白"线对"数表示（线对/mm）；对于扫描影像，通常用瞬时视场角（IFOV）的大小来表示（毫弧度 mrad），即像元，是扫描影像中能够分辨的最小面积。空间分辨率数值在地面上的实际尺寸称为地面分辨率。对于摄影影像，用线对在地面的覆盖宽度表示（m）；对于扫描影像，则是像元所对应的地面实际尺寸（m）。但具有同样数值的线对宽度和像元大小，它们的地面分辨率不同。

对光机扫描影像而言，约需 2.8 个像元才能代表一个摄影影像上一个线对内相同的信息。空间分辨率是评价传感器性能和遥感信息的重要指标之一，也是识别地物形状大小的重要依据。

2008 年 9 月，美国商业卫星遥感公司 GeoEye 对外宣布，其商业对地成像卫星 GeoEye-1 已在美国加利福尼亚州范登堡空军基地发射成功。通过该卫星，GeoEye 今后将可向美国政府、谷歌地图（Google Earth）业务部门及其他互联网企业提供高分辨率图像。GeoEye-1 提供 0.41m 黑白（全色）分辨率和 1.65m 彩色（多谱段）分辨率遥感图像，目标定位精度可达 3m。换句话说，GeoEye-1 为当今全球能力最强、分辨率和精度最高的商业成像卫星。但受美国政府的相应规定，无论是 GeoEye 或谷歌等商业公司，都只能对外提供 50cm 的分辨率图像。

辐射分辨率（Radiometric Resolution）是指传感器能分辨的目标反射或辐射的电磁辐射强度的最小变化量。在可见、近红外波段用噪声等效反射率表示，在热红外波段用噪声等效温差、最小可探测温差和最小可分辨温差表示。辐射分辨率算法，如式（3-1）所示：

$$RL = (R_{max} - R_{min})/D \tag{3-1}$$

式中　R_{max}——最大辐射量值，R_{min}——最小辐射量值，D——量化级。

时间分辨率（Temporal Resolution）是指在同一区域进行的相邻两次遥感观测的最小时间间隔。对轨道卫星，亦称覆盖周期。时间间隔大，时间分辨率低，反之时间分辨率高。时间分辨率是评价遥感系统动态监测能力和"多日摄影"系列遥感资料在多时相分析中应用能力的重要指标。根据地球资源与环境动态信息变化的快慢，可选择适当的时间分辨率范围。按研究对象的自然历史演变和社会生产过程的周期划分为 5 种类型：（1）超短期的。如台风、寒潮、海况、鱼情、城市热岛等，需以小时计。（2）短期的。如洪水、冰凌、旱涝、森林火灾或虫害、作物长势、绿被指数等，要求以日数计。（3）中期的。如土地利用、作物估产、生物量统计等，一般需要以月或季度计。（4）长期的。如水土保持、自然保护、冰川进退、湖泊消长、海岸变迁、沙化与绿化等，则以年计。（5）超长期的。如新构造运动、火山喷发等地质现象，可长达数十年以上。

9. 遥感图像与图像处理

就像我们生活中拍摄的照片一样，遥感相片同样可以"提取"出大量有用的信息。从一个人的相片中，我们可以辨别出人的头、身体及眼、鼻、口、眉毛、头发等信息。遥感相片（图像）一样可以辨别出很多信息，如水体（河流、湖泊、水库、盐池、鱼塘等）、植被（森林、果园、草地、农作物、沼泽、水生植物等）、土地（农田、林地、居民地、厂矿企事业单位、沙漠、海岸、荒原、道路等）、山地（丘陵、高山、雪山）等等；从遥感图像上能辨别出较小的物体，如：一棵树、一个人、一条交通标志线、一个足球场内的标志线等。大量信息的提取，无疑决定了遥感技术的应用是十分广阔的，据统计，有近 30 个领域、行业都能用到遥感技术，如陆地水资源调查、土地资源调查、植被资源调查、地质调查、城市遥感调查、海洋资源调查、测绘、考古调查、环境监测和规划管理等。由于遥感技术是从人们一般不能站到的高度去"拍照"，故从宏观视野上，也有着人力所不能及的优势。

遥感影像通常需要进一步处理方可使用，用于该目的的技术称为图像处理。图像处理包括各种可以对相片或数字影像进行处理的操作。遥感图像的数据处理主要包括纠正、增强、变换、滤波、分类等功能，它的目的主要是为了提取专题信息，比如土地利用情况、农作物产量、水深和植被覆盖率等；还有其他更加丰富的内容。目前，主要的遥感应用软件是 ERDAS、ENVI、PCI、ER Mapper 等。遥感图像的处理可以采取光学处理和数字处理，数字处理由于可重复性好很适合与 GIS 结合目前被广泛应用。

10. 遥感相关产品介绍

（1）4D 产品：数据栅格产品（DRG）、数字正射影像（DOM）、数据线划地图（DLG）、数字高程（地形）模型（DEM/DTM）。

（2）行业或部门专题地理数据。

11. 城市遥感

城市遥感以城市为研究对象，属于城市科学的范畴。由于遥感技术所取得的是综合信息。在城市调查方面，遥感技术可以快速、准确、全面地获得城市地质背景、土地利用状况、生态环境、市政建设、交通、水利、农林、旅游等等方面的数据和图像资料。这样，对不断地了解城市现状、变化和发展，为配合城市总体规划和分区详细规划的制定及顺利实施，提供了一项有效的方法，例如，图3-6所示2011年3月日本仙台机场附近地区地震前后的变化图。

震前　　　　　　　　　　　　　　　　　　震后

图 3-6　不同阶段的遥感图

城市遥感技术目前所采用的是航天遥感和航空遥感相结合，以航空遥感为主，并配合地面检测工作，以彩色红外摄影、可见光摄影（包括天然彩色片及黑白片）、多光谱扫描、热红外扫描、微波扫描几种资料，效果比较好。城市遥感工作的内容如下：

（1）提供城市影像图

遥感资料可以制作不同种类、各种比例尺的城市影像图。影像图上如实地记录了城市的地理位置，城市的范围、轮廓、建筑物、道路、植被、水系、山脉等地物形态、结构特征、分布规律、空间关系等。因此，影像图，尤其是彩色影像图，比测绘部门编制的以线条、符号表示地物的常规线划地图，直观、准确、深刻、信息丰富、成图迅速、现状性好，具有较大的实用价值，不论是规划者、建设者、管理者或决策者，均可以从影像图中了解所需要的信息，在图上拟订方案和对策。

（2）土地利用方面遥感调查

运用遥感资料，使用图像转绘仪，可以迅速地绘制出一个城市的土地利用现状图。利用以往不同历史时期航测的资料，还可以相互对比、动态分析，绘制出城市土地利用演变图。

通过这些图件，可以自动测算出一个城市各种用地（如工业用地、生活居住用地等等）的面积及所占比例，掌握城市各种用地历史的变化情况及未来发展趋势，工业用地、生活居住用地以及交通、绿化、垃圾堆放处理场等等方面用地或机构，布局是否合理，存在哪些不足。从而，为城市规划的编制，确定城市的性质和工业发展方向、城市的发展规模、卫星城的布局、旧城改造、改善城市容量和环境质量，提供基础资料。

（3）城市建筑物类型、密度等方面遥感调查

通过遥感资料，可以迅速而准确地获得城市各种建筑物类型及其分布状况，城市各区、各街道的实际建筑面积，城市建筑物密度及所占城市用地的面积比例等方面资料。城市建筑类型及所占比例和城市建筑物密度，是深刻反映城市建设水平的重要参数。若采用常规的人工实地测量调查方法，工作量巨大，往往难以付诸实施。

城市住宅房屋密度与城市人口分布密度是有着必然的相关关系的。因此，以住房密度作为变量，可用于人口普查、人口统计学方面的研究，国外已有这方面的实例，并取得了较好的效果。从遥感资料中，也可以了解城市基建工地的分布及施工进展情况，加强对基建工程的控制和管理。

（4）城市绿化及园林建设等方面遥感调查

由于遥感图像上将城市里的每棵树木的树冠形态和大小都如实地记录下来，因此，既可以判别出绿地的类别和树种，又可以较方便、准确地测算出城市各类绿地的面积。在园林方面，可以从遥感资料中对城市园林的规模、布局、服务半径、游客容量等方面进行研究。

（5）城市交通方面遥感调查

城市道路、公路、铁路、水运航道、交通设施（车站、码头、停车场、飞机场等）方面的现状调查，港口选址、建设或改造，公路、铁路选线、建设等方面，运用遥感手段都可以适当地开展一定工作。根据遥感图像中城市道路上的车辆影像，了解全市各种道路上、各种车辆的瞬时分布情况，车流量、流向，为城市道路系统规划，提供基础数据。

（6）环境方面的遥感调查

"环境遥感"是遥感技术的一个重要方面。对于城市环境污染监测和环境质量评价，目前，环境遥感主要在以下几方面开展工作：大气污染遥感：在遥感图像上，可以直接统计烟囱的数量、高度、直径、分布，以及机动车辆的数量、类型，找出其与燃煤、燃油量与烟尘、废气排放量之间的相关关系，求取相关系数，并结合城市实测的资料，以及城市气象、风向频率、风速变化、绿化等方面因素，则可对城市大气污染概况有所了解。这是对遥感图像目视解释，结合实测资料，定性了解城市大气污染的方法。进一步的大气污染遥感监测，则可使用气体滤光分析仪、红外干涉仪、傅立叶变换干扰仪、可见光辐射偏振仪、激光雷达等专用遥感传感器，根据大气中污染物质的光谱等物理、化学特性，测定出大气中硫氧化物、氮氧化物、碳氧化物、碳氢化合物、光化学氧化剂、悬浮颗粒物（形状、大小、组分）等污染物质的存在、浓度变化等污染情况，提供的数据，可以具有相当

的精确度。

水体污染遥感：由于溶解或悬浮于水中的污染物成分、浓度不同，则使各水体的颜色、密度、透明度、温度产生差别，必然导致水体反射光能量的变化，从而在遥感图像上反映出色调、灰阶、影像形态、影纹特征等方面的差异。根据这些影像显示，一般可以识别出水体的污染源、污染范围、面积、浓度。

固体废物污染遥感：工业生产、民用生活以及建筑工程所产生的垃圾、废渣，不合理的堆放、处理，会造成地面及对周围环境的污染，范围一般较小，在比例尺较大的遥感图像上，可以识别出它们堆放场址、周围环境特征、污染性质、范围。

热污染遥感：城市热污染主要包括由于臭氧层被破坏致使的"温室效应"和表现为城市市区温度高于郊区的"热岛效应"。利用热红外遥感，对城市的热辐射进行白天和夜间扫描，通过影像判读分析，可以查明城市热源、热场位置和范围，并对城市热岛的分布规律、形态特征等进行研究。从而，可以对城市热环境进行科学合理的规划、整治和管理。红外扫描遥感技术接收的是地物辐射的红外线，因此得到的图像是温度信息（俗称：热像），图像上的色调代表地面各点的实际温度值。所以，从城市红外扫描资料上，可以进行热污染调查，准确地找到热漏失点位置及其精确温度值和影响范围，提出设备改造、余热利用，以便节约能源等治理建议，也可以对城市热岛的分布规律、形态特征等方面进行研究，从而对城市的热环境进行科学合理规划。热红外遥感资料（尤其是夜航的热红外资料），在研究城市热场、热岛效应、热污染方面的独特效果，是其他手段无法相比的。

城市环境质量综合评价：城市经过各方面的环境调查之后，分别取出各单项环境质量参数，按环境质量标准进行单要素评价，在此基础上综合归纳，进行城市（或其中各种环境单元）环境质量综合评价，最终制成城市环境质量综合评价图。

（7）城市地质、地理条件遥感调查

主要在地貌、第四纪地质、工程地质、水文地质、灾害地质、环境地质、地质构造、活动性断裂运动、地震、区域地质稳定性评价等城市地学环境方面开展工作。

（8）矿产资源方面遥感调查

遥感技术除找寻金属、非金属及能源矿产之外，与城市建设关系比较密切的建筑材料资源的调查，效果也是极为显著的。例如，在遥感资料上，古河道、冲洪积扇的影像比较清晰，在这些部位则可找到砂石等建材矿产资源。

（9）水利方面遥感调查

遥感资料可以清楚地显示水利工程设施现状，并可以进行河道演变、围湖利用、洪水灾害等方面调查。

（10）为建立城市管理信息数据库和城市科技资料档案，提供资料

遥感技术在城市规划、建设、管理中的应用是多方面的，由于遥感资料是一种综合信息，各种不同的专业部门，均可以从中提取自己所需要的部分，开展自己专业方面的研究工作。因此，城市遥感工作的内容，并不仅限于以上所述。

当然，对于城市调查研究工作来说，遥感技术绝非唯一的信息源。任何一项研究工作，都必须凭借所能够收集到的各方面资料，才能保证工作顺利进行。城市科学研究当然也是如此。

归纳一下，城市遥感技术有以下几方面特点：

1）多——信息量多。对整个城市的地物景观，一览无余，众多的专业部门、学科领域，均可以使用，服务对象极为广泛。

2）快——成果出得快。由于使用了航天、航空及计算机等现代技术，可以快速大面积覆盖工作区，效率高，成果出得快。

3）好——现状性（亦称同时性或等时性）好。城市建设的飞速发展，使城市面貌的改观是极快的。遥感技术可以获得城市某一时间断面的瞬时信息，俗称："一刀切"。而常规的城市调查方法，工作周期长，资料的获取难以做到"同时性"。

4）省——成本低。一次飞行，多方受益。一次城市遥感综合调查，所用经费，为采用常规方法的总投资数的十分之一。

5）真——图像逼真。使用图像立体观察仪，观察遥感图像，可以看到立体效果，就如同人们自己直接从空中俯瞰一样，地面景观极为生动、逼真。

6）深——认识深刻。由于遥感技术具有多种功能的传感器和探测系统，并采用计算机自动处理、显示功能，从而扩大和深化了人们对事物的认识水平，可以较深刻地看清城市各方面问题的表面现象、相互关系及其本质。

7）活——动态信息活。可以将不同时间断面的瞬时信息，进行多时相叠加，获得动态分析资料，从而了解城市各方面历史的演变情况及推测未来发展趋势。

另外运用遥感技术可以进行海岸带类型、海岸变迁、滩涂资源、港口选址论证等方面调查；森林分布、长势、林相、病虫害等林业资源遥感调查；土壤、水土流失、盐渍化、农作物长势及估产、农业资源、农业规划方面遥感调查；国土资源方面遥感调查；考古、旅游资源遥感调查；还能为测绘部门提供基础资料。

3.2.2 全球定位系统（GPS）

1. GPS 的概念

GPS 是英文 Global Positioning System（全球定位系统）的简称。GPS 是 20 世纪 70 年代由美国陆海空三军联合研制的新一代空间卫星导航定位系统。其主要目的是为陆、海、空三大领域提供实时、全天候和全球性的导航服务，并用于情报收集、核爆监测和应急通信等一些军事目的。经过 20 余年的研究实验，耗资 300 亿美元，到 1994 年 3 月，全球覆盖率高达 98％的 24 颗 GPS 卫星星座已布设完成。

2. GPS 的组成

全球定位系统（GPS），主要有三大组成部分：空间星座、地面监控和用户设备。美国空军资助并运行 24 颗分布在 6 个轨道平面和一个拥有 1 个主控站、3 个注入站和 5 个监测站的地面控制部分组成的系统。美国 GPS 卫星——Block Ⅲ 已经开始研究，一旦完成部署，将用 33 颗星构建高椭圆轨道及地球静止轨道相结合的 GPS 混合星座。GPS 信号可以同时精准地进行三维定位和精准授时。GPS 是全球性的，它可以用于人、交通工具和其他任何物体的安全高效运转、测量和跟踪，无论其处于地球表面还是地球同步轨道的任何位置，同时它还可以为全球性通信、所有类型的电子交易、配电网络提供同步时间。

3. GPS 原理

GPS 导航系统的基本原理是测量出已知位置的卫星到用户接收机之间的距离，然后综合多颗卫星的数据就可知道接收机的具体位置。要达到这一目的，卫星的位置可以根据星载时钟所记录的时间在卫星星历中查出。而用户到卫星的距离则通过纪录卫星信号传播到用户所经历的时间，再将其乘以光速得到，由于大气层电离层的干扰，这一距离并不是用户与卫星之间的真实距离，而是伪距（PR）：当 GPS 卫星正常工作时，会不断地用 1 和 0 二进制码元组成的伪随机码（简称伪码）发射导航电文。GPS 系统使用的伪码一共有两种，分别是民用的 C/A 码和军用的 P（Y）码。C/A 码频率 1.023MHz，重复周期 1ms，码间距 1μs，相当于 300m；P 码频率 10.23MHz，重复周期 266.4 天，码间距 0.1μs，相当于 30m。而 Y 码是在 P 码的基础上形成的，保密性能更佳。导航电文包括卫星星历、工作状况、时钟改正、电离层时延修正、大气折射修正等信息。它是从卫星信号中解调制出来，以 50b/s 调制在载频上发射的。导航电文每个主帧中包含 5 个子帧每帧长 6s。前三帧各 10 个字码；每 30s 重复一次，每小时更新一次。后两帧共 15000b。导航电文中的内容主要有遥测码、转换码、第 1、2、3 数据块，其中最重要的则为星历数据。当用户接收到导航电文时，提取出卫星时间并将其与自己的时钟做对比便可得知卫星与用户的距离，再利用导航电文中的卫星星历数据推算出卫星发射电文时所处位置，用户在 WGS84 大地坐标系中的位置速度等信息便可得知。

可见 GPS 导航系统卫星部分的作用就是不断地发射导航电文。然而，由于用户接收机使用的时钟与卫星星载时钟不可能总是同步，所以除了用户的三维坐标 x、y、z 外，还要引进一个 Δt 即卫星与接收机之间的时间差作为未知数，然后用 4 个方程将这 4 个未知数解出来。所以如果想知道接收机所处的位置，至少要能接收到 4 个卫星的信号。

GPS 接收机可接收到可用于授时的准确至纳秒级的时间信息；用于预报未来几个月内卫星所处概略位置的预报星历；用于计算定位时所需卫星坐标的广播星历，精度为几米至几十米（各个卫星不同，随时变化）；以及 GPS 系统信息，如卫星状况等。GPS 接收机对码的量测就可得到卫星到接收机的距离，由于含有接收机卫星钟的误差及大气传播误差，故称为伪距。对 0A 码测得的伪距称为 UA 码伪距，精度约为 20m，对 P 码测得的伪距称为 P 码伪距，精度约为 2m。

GPS 接收机对收到的卫星信号，进行解码或采用其他技术，将调制在载波上的信息去掉后，就可以恢复载波。严格而言，载波相位应被称为载波拍频相位，它是收到的受多普勒频移影响的卫星信号载波相位与接收机本机振荡产生信号相位之差。一般在接收机中确定的历元时刻量测，保持对卫星信号的跟踪，就可记录下相位的变化值，但开始观测时的接收机和卫星振荡器的相位初值是不知道的，起始历元的相位整数也是不知道的，即整周模糊度，只能在数据处理中作为参数解算。相位观测值的精度高至毫米，但前提是解出整周模糊度，因此只有在相对定位，并有一段连续观测值时才能使用相位观测值，而要达到优于米级的定位精度也只能采用相位观测值。

按定位方式，GPS 定位分为单点定位和相对定位（差分定位）。单点定位就是根据一台接收机的观测数据来确定接收机位置的方式，它只能采用伪距观测值，可用于车船等的概略导航定位。相对定位（差分定位）是根据 2 台以上接收机的观测数据来确定观测点之间的相对位置的方法，它既可采用伪距观测值也可采用相位观测值，大地测量或工程测量均应采用相位观测值进行相对定位。

在 GPS 观测量中包含了卫星和接收机的钟差、大气传播延迟、多路径效应等误差，在定位计算时还要受到卫星广播星历误差的影响，在进行相对定位时大部分公共误差被抵

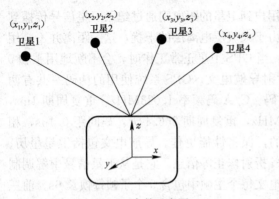

图 3-7　参数示意图

消或削弱，因此定位精度将大大提高，双频接收机可以根据 2 个频率的观测量抵消大气中电离层误差的主要部分，在精度要求高，接收机间距离较远时（大气有明显差别），应选用双频接收机。

4. GPS 的定位原理

GPS 定位的基本原理是根据高速运动的卫星瞬间位置作为已知的起算数据，采用空间距离后方交会的方法，确定待测点的位置。

如图 3-7 所示，假设 t 时刻在地面待测点上安置 GPS 接收机，可以测定 GPS 信号到达接收机的时间 Δt，再加上接收机所接收到的卫星星历等其他数据可以确定以下 4 个方程式：

$$\begin{cases} [(x_1-x)^2+(y_1-y)^2+(z_1-z)]^{1/2}+c(vt_1-vt_0)=d_1 \\ [(x_2-x)^2+(y_2-y)^2+(z_2-z)^2]^{1/2}+c(vt_2-vt_0)=d_2 \\ [(x_3-x)^2+(y_3-y)^2+(z_3-z)^2]^{1/2}+c(vt_3-vt_0)=d_3 \\ [(x_4-x)^2+(y_4-y)^2+(z_4-z)^2]^{1/2}+c(vt_4-vt_0)=d_4 \end{cases}$$

上述 4 个方程式中待测点坐标 x、y、z 和 vt_0 为未知参数，其中：

$$d_i=c\Delta t_i \qquad (i=1、2、3、4)$$

d_i（i=1、2、3、4）分别为卫星 1、卫星 2、卫星 3、卫星 4 到接收机之间的距离。Δt_i（i=1、2、3、4）分别为卫星 1、卫星 2、卫星 3、卫星 4 的信号到达接收机所经历的时间。c 为 GPS 信号的传播速度（即光速）。

4 个方程式中各个参数意义如下：

x、y、z 为待测点坐标的空间直角坐标。

x_i、y_i、z_i（i=1、2、3、4）分别为卫星 1、卫星 2、卫星 3、卫星 4 在 t 时刻的空间直角坐标，可由卫星导航电文求得。

vt_i（i=1、2、3、4）分别为卫星 1、卫星 2、卫星 3、卫星 4 的卫星钟的钟差，由卫星星历提供。vt_0 为接收机的钟差。

由以上 4 个方程即可解算出待测点的坐标 x、y、z 和接收机的钟差 vt_0。

5. 现有的卫星定位系统

目前，包括美国 GPS 和在建的卫星定位系统，全球范围内共有 4 大卫星定位系统，如图 3-8 所示。

（1）美国 GPS：1994 年，美国宣布在 10 年内向全世界免费提供 GPS 使用权，但美国只向外国提供低精度的卫星信号。据信该系统有美国设置的"后门"，一旦发生战争，美国可以关闭对某地区的信息服务。

（2）欧盟"伽利略（Galileo）"：1999 年，欧洲提出计划，准备发射 30 颗卫星，组成"伽利略"卫星定位系统。2009 年该计划正式启动。

（3）俄罗斯"格洛纳斯（GLONASS）"：尚未部署完毕。始于 20 世纪 70 年代，需要至少 18 颗卫星才能确保覆盖俄罗斯全境；如要提供全球定位服务，则需要 24 颗卫星。

（4）中国"北斗卫星导航系统（BeiDou（COMPASS）Navigation Satellite System）"：

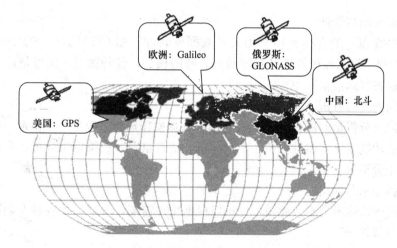

图 3-8　现有的卫星定位系统图

是中国正在实施的自主发展、独立运行的全球卫星导航系统。系统建设目标是：建成独立自主、开放兼容、技术先进、稳定可靠的覆盖全球的北斗卫星导航系统，促进卫星导航产业链形成，形成完善的国家卫星导航应用产业支撑、推广和保障体系，推动卫星导航在国民经济社会各行业的广泛应用。按照北斗卫星导航系统建设总体规划，2012 年，系统首先具备覆盖亚太地区的定位、导航和授时以及短报文通信服务能力，到 2020 年左右，建成覆盖全球的北斗卫星导航系统。

3.2.3　地理信息系统（GIS）

1. GIS 的概念

地理信息系统（GIS），是指在计算机软硬件支持下，把各种地理信息按照空间分布，用一定的格式输入、存储、检索、更新、显示、制图和综合分析的计算机技术系统。概括地说，GIS 是以测绘、测量为基础，以数据库作为数据储存和使用的数据源，以计算机编程为平台的全球空间分析即时技术。GIS 中涉及最多的就是数据的处理和储存，在地理信息系统中需要储存和处理的数据主要有两类：一类是反映地物的地理空间位置的信息，也就是空间数据；另一类是与地理位置有关的反映事物其他特征的信息，即属性数据。通过两种数据的处理进行双向的链接。

2. GIS 的功能

（1）数据采集与输入

在数据处理系统中将系统外部的原始数据传输给系统内部，并将这些数据从外部格式转换为系统便于处理的内部格式的过程。如属性数据输入，数字和文字的输入；栅格数据输入，如扫描图像的输入、遥感图像的输入；测量数据输入，如全球定位系统（GPS）数据的输入；土地利用图件输入等。

（2）数据编辑与更新

数据编辑主要包括图形编辑和属性编辑。属性编辑主要与数据库管理结合在一起完成。图形编辑主要有误差校正、图形整饰、图形编辑、图幅拼接、图形变换、投影变换、拓扑关系建立等功能。

（3）数据存储与管理

属性数据管理一般直接利用常用关系数据库软件，如 ORACLE、SQLServer、Fox-Pro 等进行管理。空间数据管理是 GIS 数据管理的核心，各种图形或图像信息都以严密的逻辑结构存放在空间数据库中。

（4）空间查询与分析

空间查询与分析是 GIS 核心。主要包括：数据操作运算、数据查询检索与数据综合分析。综合分析功能主要有属性分析、统计分析、信息量测、二维模型分析、多要素综合分析、三维模型分析等。

（5）数据显示与输出

GIS 不仅可以输出全要素地图，也可以根据用户需要，分层输出各种专题图、各类统计图、图表及数据等。

（6）二次开发与编程

为使 GIS 技术广泛应用于各个领域，满足不同的应用需要，它必须具备有二次开发的环境，用户可在自己的编程环境中调用 GIS 的命令和函数，或者系统可将某些功能做成专门的控件供用户的开发语言调用等。在土地调查中，以地理信息系统为图形平台，以大型的关系型数据库为后台管理数据库，存储各类土地调查成果数据，实现对土地利用的图形、属性、栅格影像空间数据及其他非空间数据的一体化管理，借助网络技术，采用集中式与分布式相结合方式，有效存储与管理调查数据。地理信息系统为城市信息化管理的完成，特别是为空间数据库建库、数据统计与分析、专题地图制作提供强有力的支持。

3. GIS 的作用

信息技术尤其是 GIS 技术的发展为城市管理信息化发展奠定了基础。

首先，硬件的性能按摩尔定律在不断提高而相对价格不断地降低，使微机成为 GIS 应用的主流机型，Windows 系列操作系统的发展，使大量的 GIS 软件可以在微机环境下运行，结束了 GIS 必须在 UNIX 工作站下运行的历史，使 GIS 软、硬件投资大幅度降低。

组件式 GIS（COM GIS）的发展使 GIS 可与其他 IT 应用紧密地集成，使 GIS 不再曲高和寡。长期以来，困扰着政府 GIS 应用的"图文一体化"，即办公自动化与 GIS 应用一体化集成问题，迎刃而解。

面向对象技术的应用，改变了 GIS 的传统设计方法与思想，使 GIS 系统能更好地反映现实地理空间各种空间要素及其相互关系，甚至空间现象与过程。目前，GIS 数据对象，除了具有图形（Geometry）和属性（Attribute），已经开始被赋予行为（Behavior），甚至规则（Rule），为 GIS 的智能化奠定了基础。GIS 对象数据模型在不断地完善和发展，使 GIS 描述现实地理空间时，更加得心应手。

采用关系数据库管理空间数据，解决了海量空间数据的管理问题，使 GIS 系统的 C/S 结构得以真正地实现，为 B/S 结构发展奠定了基础。同时也为多用户并发操作、历史空间数据的管理提供解决方案。使空间数据对象可与非空间对象在关系数据库中并存，并建立关联。利用 SQL 进行空间数据与非空间数据的操作。GIS 已经得到了数据库厂商的重视，如 Oracle、Informix，这些厂商推出了各自的空间资料的解决方案，如 Oracle Spatial、Informix Spatial Blade，这也从侧面反映了 GIS 在 IT 中地位的提升。

基于离散小波变换（DWT）的影像压缩技术为航空、卫星遥感影像在 GIS 中的应用提供新的技术手段。这种影像压缩技术可以将影像压缩率为（1∶20～1∶30），甚至更高，并且可以实现多幅影像拼接压缩，虽然是有损压缩，但不影响视觉效果，而且能快速地按需解压，所占用的内存非常少，不影响 GIS 软件的运行。目前基于离散小波变换（DWT）影像压缩格式主要有 ER Mapper 的 ECW 和 Lizard Tech 的 MrSID，并得到许多 GIS 软件的支持。香港特区政府地政署曾将全港的彩色航空影像压缩为一个 ECW 文件，可以进行快速浏览。海量影像资料在 GIS 中的应用已成为现实，而小卫星高分辨率（1 米分辨率）遥感影像商业化为城市空间数据的获取提供了新的手段，如，IKNOS、KOSMOS 等。

OpenGIS 联盟所提出的一系列 Open GIS 规范为空间数据共享和互操作奠定了基础。另外，XML 技术的发展，为 GIS 空间数据在 Internet 上交换与应用提供了可能，Open GIS 联盟已经提出了基于 XML 的 GML 规范。

WebGIS 技术发展使通过 Internet 浏览空间数据成为现实，大大增加了城市 GIS 的用户群，促进了 GIS 应用领域的扩展。随着网络带宽的提高，Web GIS 将进一步发展为 Internet GIS，现有 GIS 的许多数据分析、处理功能可以在 Internet 上实现，而不仅仅限于数据的查询和浏览。

国产 GIS 软件正在迅速发展与成熟，国产 GIS 软件有可能如同国产电视机一样，在国内市场占主导地位。这将大大地降低 GIS 软件的价格，促进 GIS 应用的普及。与此同时，国产 GIS 将走向世界。

总之，GIS 技术不断地发展和完善，为城市 GIS 的发展奠定了坚实的基础，同时，也为城市 GIS 的应用提供了更多的机会。

4. 城市 GIS 技术基础

城市 GIS 技术利用地理信息技术将城市系统中地理环境的组成要素及其相互关系映射到信息空间（Cyberspace），建立城市现实地理环境的空间信息模型，构造一个与现实城市相对应的虚拟"数字城市"，为城市政府和企业的管理与决策及市民社会生活提供信息服务。

城市 GIS 是由人、软件、数据、硬件、网络等要素构成的系统，它与城市现实社会的物理接口，是由计算机、网络及相关设备实现的。

城市系统是一个人、地（地理环境）关系系统，它体现人与人、地与地、人与地相互作用和相互关系，城市系统由政府、企业、市民、地理环境等既相对独立又密切相关的子系统构成。政府管理、企业的商业活动、市民的生产与生活无不体现出城市的这种人地关系。

信息化的浪潮席卷全球，城市作为一定区域内的政治、文化、经济和信息中心，则首当其冲。城市的信息化实质上是城市人地关系系统的数字化，它体现"人"的主导地位，通过城市信息化更好地把握城市系统的运动状态和规律，对城市人地关系进行调控，实现系统优化，使城市成为有利于人类生存与可持续发展的空间。城市信息化过程表现为政府管理与决策的信息化（数字政府），企业管理、决策与服务的信息化（数字企业），市民生活的信息化（数字城市生活），即数字城市。

城市 GIS 是"数字城市"核心的部分，城市中"人"的一切活动，从城市管理到企业为市民提供各种服务，以及每一个市民生产与生活，都离不开"地"。没有城市 GIS 的数字城市，如同没有市区的城市，不能称其为"数字城市"。

理想化的城市 GIS 由政府 GIS、企业 GIS 和社会 GIS 构成，通过网络（局域网、Internet、宽带网、有线电视网、公用电话网等）将政府、企业和社会联成一个整体，实现资源的共享。

5. 城市 GIS 面临的挑战

机遇往往伴随着挑战，城市 GIS 发展将面临许多方面的挑战。

空间数据的形式、内容、质量、现势性及空间数据的共享问题，是制约当前城市 GIS 发展的最大问题。

空间数据不同于一般的非空间数据，其主要来源是地形图、地籍图、房产图及其他专题地图，其采集需要专业的人员和采用复杂的技术手段，而且工作量大、投资大，其工作主要由测绘部门承担，由政府管理和投资。

地形图、地籍图与房产图，在城市基础地理数据方面的内容基本上是一致的，只是地籍图与房产图增加了地籍与房产的专题内容（如宗地、丘、房屋栋号），而城市中的宗地和丘是一致，反映土地的权属范围和界线。建立 GIS 以后，完全有条件实现三图的统一。由于地形图、地籍图和房产图分属规划管理、土地管理和房产管理部门，各种图的测绘由各主管部门各自为政进行，标准不统一，多数情况下没有真正实现基础地理数据的共享，三图中的基础地理数据出现了重复测绘和重复建库的现象，造成了巨大的浪费。一些 GIS 专家和开发人员提出了"三图统一"的设想，由于没有统一的标准和规范，难以在全国范围内实施。实现"三图统一"有利于数据的共享，将促进城市 GIS 的发展，但必须从法规、政策和标准上加以明确，否则，相关的主管部门将从部门利益角度，人为地设置障碍，影响"三图统一"。

国内现有的地形图图式主要沿用苏联的标准，图式复杂，主要满足手工制图的要求，现有的大多数 GIS 软件制图功能都难以达到这一标准，出现了一些国外的 GIS 软件水土不服的情况，而开发人员则要花费大量的精力解决制图问题，而忽略了数据内容（数据对象及它们之间的逻辑关系），以致 20 世纪 90 年代中期，CAD 软件在 GIS 应用中盛行。但 CAD 软件善于表现形式，能够在形式上满足人们对地图的要求，而不善于表现内容，系统应用拓宽时，要提取专题数据和进行分析，却非常困难。另外，CAD 软件虽然编辑和修改数据非常方便，但数据对象及它们之间逻辑关系缺乏约束，系统运行几年下来，数据是一团乱麻，存在隐患。因此，20 世纪 90 年代后期，GIS 的软件又重新得到重视。但是，如果不从根本上解决地形图的图式问题，城市 GIS 的发展要取得突破，将是非常困难的，可以说，现有的地形图图式制约着城市 GIS 的发展，现在到了改变这种只重表现形式，而不重视数据内容的时候了。

在手工条件下，政府部门日常管理中所使用的空间数据质量问题是无法发现的，当采用计算机管理以后，数据的质量问题便暴露出来，这需要政府部门花大力气和长时间的努力才能解决，政府部门要有清醒的认识。对于计算机来说，输入的是垃圾，出来的还是垃圾，不可能变成金子。

传统的城市空间数据更新主要采用阶段性更新方法，四五年一个周期，进行大面积的修测和补测，这种方式不能满足数据现势性的要求。GIS 系统建立后，是有条件和有可能进行小范围的局部更新，政府可以通过竣工验收的方式，进行竣工测量，把数据更新工作化整为零，达到及时更新的目的。这就要求，政府下决心建立竣工测量制度，解决竣工测量的职责分工和经费的问题。政府GIS中心最好能把城市测绘纳入中心的管理范畴，使数据更新得到保障。城市测绘与城市GIS结合将营造一种双赢的局面，近期城市测绘可以为城市GIS的发展提供一些经费的支持，远期城市GIS的发展可以拓展城市测绘的服务空间和促进服务的多样化，从而促进城市测绘的发展。

城市GIS要体现城市的社会、经济统计要素的空间分布，以便为管理、决策服务。而社会经济要素的统计往往是以行政单元为单位进行的，按区、街道办事处、居委会分级统计，据笔者了解，目前国内没有一个城市能准确地将居委会一级的区域范围划分出来，也就难以实现城市社会经济要素信息的空间定位与空间分析。

企业在建设GIS时首先面临的是如何获得城市空间基础数据的问题，政府GIS中心常开出高价，企业难以接受，要么不做，要么投入一笔钱自己做，有时企业自己重新数字化建库，比买现成的数据库还要便宜，这种现象是不正常的。实际上，政府GIS中心完全可以采用数据租用和提供后续服务的方式，为企业提供更廉价的数据，但因为缺乏数据产权保护的法规，而不愿意采取这种方式，形成了一个死结。一方面，政府GIS的数据只能局限于政府内部使用，政府却缺乏资金更新数据；另一方面，企业想利用合理的价格购买数据，却办不到。

现阶段，政府GIS往往只有系统建设投资，而没有运行与维护的费用，缺乏GIS信息服务收费的配套政策与标准，政府GIS中心往往作为事业单位甚至自收自支的事业单位，因在经济上缺乏保障，技术人员只能疲于寻找挣钱的项目，根本无暇顾及系统建成以后的完善与发展。几年下来，数据没有更新、软件落后了，变成了死系统。许多系统往往是验收之日，就是系统生命周期的结束之时。与此同时，政府GIS中心的人才在原本不足的情况下，为GIS广阔的市场所吸引，开始流失，影响系统的发展。最后出现"猴子捡苞谷，捡一个，丢一个"，没有多少真正具有生命力的城市GIS系统，这种浪费是惊人的！

另外，许多城市决策者还没有真正认识到城市GIS在城市管理与决策、城市投资软环境改善中的重要性，对城市GIS并没有引起足够的重视，往往热衷于城市有形的基础建设，而忽视城市GIS这种无形的信息基础设施建设。某种意义上，城市GIS首先是城市决策者的信息系统，决策者不重视，没有决策者的组织与协调，城市GIS是没有生命力。

总之，国内城市GIS十多年的自由发展，已经积累了许多经验和暴露了一些问题，现在到了需要规范化的时候，要尽快建立城市GIS的一些法规、标准和制度，从体制根本解决问题。否则，城市GIS的发展就会如同没有交通规则的高速公路，将出现惨不忍睹的交通事故和交通堵塞现象，损失难以想象。

3.2.4　3S技术集成应用

"3S"在国际上的研究和应用都已经由单一步入集成化综合化的发展。形象地说就是"一个大脑，两个眼睛"的集成系统，显而易见这里眼睛是RS和GPS，它们为大脑GIS提供高质量的空间数据，GIS则是对这些数据进行综合处理的平台同时还要反过来指导GPS和RS的数据采集工作，他们已经形成了一个有机的整体。

3S技术集成是体现系统整体性的经典结合。GIS，RS，GPS的三者集成可构成高度自动化，实时化和智能化的地理信息系统，这种系统不仅能够分析和运用数据，而且能为各种应用提供科学的决策依据，以解决复杂的问题，如图3-9所示。在集成体系中，GPS

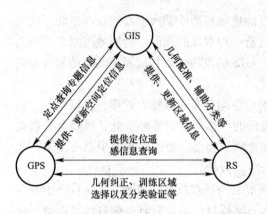

图 3-9　3S 技术的互相作用和集成图

用于实时、快速提供目标和运载平台的空间位置；RS 实时提供目标及其环境空间的属性信息，发现地球表面的各种变化以便及时对 GIS 的数据库进行更新；GIS 则对多种来源地时空数据综合处理、动态储存、集成管理、分析加工，作为集成系统的基础平台。

按照集成系统的核心来分，主要有两种，一种是以 GIS 为中心的集成系统，目的主要是非同步数据处理。从以 GIS 为核心的系统角度说，GPS 和 RS 都可看作数据源获取系统。GIS 作为集成系统的中心平台，对包括 RS 和 GPS 在内的各种来源的空间数据进行综合处理、动态存储和集成管理，存在数据、平台（数据处理平台）和功能三个集成层次，换句话说这种形式的集成也是 RS 与 GIS 集成的一种扩充；另一种是以 GPS/RS 为中心的集成，它以同步数据处理为目的，通过 RS 和 GPS 提供的实时动态空间数据结合 GIS 的数据库和分析功能为动态管理、实时决策提供在线空间信息支持服务，这种模式要求多种信息采集和信息处理平台集成，同时需要实时通信支持。

"3S" 集成已经在测绘制图、环境监测、战场指挥、救灾抢险、公安消防、交通管理、精细农业、地学研究、资源清查、国土整治、城市规划和空间决策等领域获得了广泛的应用。例如，美国俄亥俄州立大学、加拿大卡尔加里大学都在工业部门和政府基金会资助下研制集 CCD 摄像机、GPS、GIS 和 INS（惯性导航系统）为一体的移动式测绘系统（Mobile Mapping System）。该系统将 GPS/INS，CCD 实时立体摄像系统和 GIS 在线地装在汽车上。当汽车的行驶，所有系统均在同一时间脉冲控制下实时工作。由导航系统、空间定位自动测定 CCD 摄像瞬间的相片外方位元素，据此和已获取的数字影像，可实时地得出线路上目标的空间坐标，并实时输入 GIS 中，而 GIS 中已经存储的数字地图信息，则可用来修正 GPS 和 CCD 成像中的系统偏差，并作为参考系统。

随着 "3S" 技术集成的发展，RS 与 GIS 的集成是 "3S" 集成中最重要也最核心的内容。对于各种 GIS，RS 是其重要的外部信息源，是其数据更新的重要手段，反之亦然。两者结合的关键技术在于栅格数据和矢量数据的接口问题：遥感系统普遍采用栅格格式，其信息是以像元存储的；而 GIS 主要是采用图形矢量格式，是按点、线、面（多边形）存储的。因而由于数据结构的差异，图像数据库和图形数据库之间的集成也是两者集成的难点，现阶段其解决方式，如图 3-10 所示。

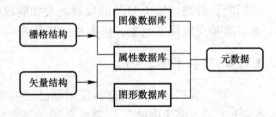

图 3-10　图像数据库和图形数据库的集成图

RS 也可以与 GPS 集成，主要是利用 GPS 的精确定位解决 RS 定位困难的问题。GPS 的快速定位为 RS 实时、快速进入 GIS 系统提供了可能，其基本原理是用 GPS/INS 方法，将传感器的空间位置 (x, y, z) 和姿态参数（φ、ω、K）同步记录下来，通过相应软件，快速产生直接地学编码。可以大大减少野外控制测量的工作量。可在自动定时数据采集、环境监测、灾容预测等方面发挥重要作用。

3.3 数据库技术

数据库（Database，DB）是一个长期存储在计算机内的、有组织的、有共享的、统一管理的数据集合。它是一个按数据结构来存储和管理数据的计算机软件系统。数据库的概念实际包括两层意思：

（1）数据库是一个实体，它是能够合理保管数据的"仓库"，用户在该"仓库"中存放要管理的事务数据，"数据"和"库"两个概念结合成为数据库。

（2）数据库是数据管理的新方法和技术，它能更合适的组织数据、更方便的维护数据、更严密的控制数据和更有效的利用数据。

3.3.1 数据库系统的组成

数据库系统一般由 4 部分组成：即数据库（Database，DB）、硬件、软件和人员组成。下面分别介绍这几个部分的内容。

1. 数据库

数据库是指长期存储在计算机内的、有组织、可共享的数据的集合。数据库中的数据按一定的数学模型组织、描述和存储，具有较小的冗余，较高的数据独立性和易扩展性，并可为各种用户共享。

2. 硬件

硬件是构成计算机系统的各种物理设备，包括存储所需的外部设备。由于数据库系统数据量都很大，加之 DBMS 丰富的功能使得自身的规模也很大，因此整个数据库系统对硬件资源提出了较高的要求，这些要求是：

（1）足够大的内存，存放操作系统、DBMS 的核心模块、数据缓冲区和应用程序。

（2）有足够大的磁盘等直接存取设备存放数据库，有足够的磁带（或微机软盘）作备份。

（3）要求系统有较高的通道能力，以提高数据传送率。

3. 软件

软件包括操作系统、数据库管理系统及应用程序。数据库管理系统（Database Management System，简称 DBMS）一组对数据库进行管理的软件，是数据库系统的核心软件，是在操作系统的支持下工作，解决如何科学地组织和存储数据，如何高效获取和维护数据的系统软件。数据库管理系统通常包括数据库定义语言及其编译语言，数据操纵语言及其编译程序以及数据管理例行程序。

4. 人员

开发、管理和使用数据库系统的人员主要是：数据库管理员、系统分析员和数据库设计人员、应用程序员和最终用户。其各自的职责分别是：

（1）数据库管理员（Database Administrator，简称 DBA）

在数据库系统环境下，有两类共享资源：一类是数据库；另一类是数据库管理系统软件。因此，需要有专门的管理机构来监督和管理数据库系统。DBA 则是这个机构的一个

（组）人员，负责全面管理和控制数据库系统。具体职责包括：

1）决定数据库中的信息内容和结构

数据库中要存放哪些信息，DBA 要参与决策。因此，DBA 必须参加数据库设计的全过程，并与用户、应用程序员、系统分析员密切合作共同协商，搞好数据库设计。

2）决定数据库的存储结构和存取策略

DBA 要综合各用户的应用要求，和数据库设计人员共同决定数据的存储结构和存取策略，以求获得较高的存取效率和存储空间利用率。

3）定义数据的安全性要求和完整性约束条件

DBA 的重要职责是保证数据库的安全性和完整性。因此，DBA 负责确定各个用户对数据库的存取权限、数据的保密级别和完整性约束条件。

4）监控数据库的使用和运行

DBA 还有一个重要职责就是监视数据库系统的运行情况，及时处理运行过程中出现的问题。比如系统发生各种故障时，数据库会因此遭到不同程度的破坏，DBA 必须在最短时间内将数据库恢复到正确状态，并尽可能不影响或少影响计算机系统其他部分的正常运行。为此，DBA 要定义和实施适当的后备和恢复策略。如周期性的转储数据、维护日志文件等。有关这方面的内容将在下面做进一步讨论。

5）数据库的改进和重组重构

DBA 还负责在系统运行期间监视系统的空间利用率、处理效率等性能指标，对运行情况进行记录、统计分析，依靠工作实践并根据实际应用环境，不断改进数据库设计。不少数据库产品都提供了对数据库运行状况进行监视和分析的实用程序，DBA 可以使用这些实用程序完成这项工作。

另外，在数据运行过程中，大量数据不断插入、删除、修改，时间一长，会影响系统的性能。因此，DBA 要定期对数据库进行重组织，以提高系统的性能。

当用户的需求增加和改变时，DBA 还要对数据库进行较大的改造，包括修改部分设计，即数据库的重构造。

（2）系统分析员和数据库设计人员

系统分析员负责应用系统的需求分析和规范说明，要和用户及 DBA 相结合，确定系统的硬件软件配置，并参与数据库系统的概要设计。

数据库设计人员负责数据库中数据的确定、数据库各级模式的设计。数据库设计人员必须参加用户需求调查和系统分析，然后进行数据库设计。在很多情况下，数据库设计人员就由数据库管理员担任。

（3）应用程序员

应用程序员负责设计和编写应用系统的程序模块，并进行调试和安装。

（4）用户

这里用户是指最终用户（End User）。最终用户通过应用系统的用户接口使用数据库。常用的接口方式有浏览器、菜单驱动、表格操作、图形显示、报表书写等，给用户提供简明直观的数据表示。

最终用户可以分为如下 3 类：

1）偶然用户。这类用户不经常访问数据库，但每次访问数据库时往往需要不同的数据库信息，这类用户一般是企业或组织机构的高中级管理人员。

2）简单用户。数据库的多数最终用户都是简单用户。其主要工作是查询和修改数据库，一般都是通过应用程序员精心设计并具有友好界面的应用程序存取数据库。银行的职员、航空公司的机票预定工作人员、旅馆总台服务员等都属于这类用户。

3）复杂用户。复杂用户包括工程师、科学家、经济学家、科学技术工作者等具有较高科学技术背景的人员。这类用户一般都比较熟悉数据库管理系统的各种功能，能够直接使用数据库语言访问数据库，甚至能够基于数据库管理系统的 API 编制自己的应用程序。

3.3.2　数据模型

数据（Data）是描述事物的符号记录。模型（Model）是现实世界的抽象。数据模型（Data Model）是数据特征的抽象，是数据库管理的教学形式框架。数据库系统中用以提供信息表示和操作手段的形式构架。数据模型包括数据库数据的结构部分、数据库数据的操作部分和数据库数据的约束条件。

数据模型所描述的内容包括 3 个部分：数据结构、数据操作、数据约束。

（1）数据结构：数据模型中的数据结构主要描述数据的类型、内容、性质以及数据间的联系等。数据结构是数据模型的基础，数据操作和约束都建立在数据结构上。不同的数据结构具有不同的操作和约束。

（2）数据操作：数据模型中数据操作主要描述在相应的数据结构上的操作类型和操作方式。

（3）数据约束：数据模型中的数据约束主要描述数据结构内数据间的语法、词义联系、它们之间的制约和依存关系，以及数据动态变化的规则，以保证数据的正确、有效和相容。

数据模型按不同的应用层次分成 3 种类型：概念数据模型、逻辑数据模型、物理数据模型。

（1）概念数据模型（Conceptual Data Model）。简称概念模型，是面向数据库用户的实现世界的模型，主要用来描述世界的概念化结构，它使数据库的设计人员在设计的初始阶段，摆脱计算机系统及数据库管理系统（Database Management System，DBMS）的具体技术问题，集中精力分析数据以及数据之间的联系等，与具体的无关。概念数据模型必须换成逻辑数据模型，才能在 DBMS 中实现。

（2）逻辑数据模型（Logical Data Model）。简称数据模型，这是用户从数据库所看到的模型，是具体的数据库管理系统所支持的数据模型。此模型既要面向用户，又要面向系统，主要用于 DBMS 的实现。

（3）物理数据模型（Physical Data Model）。简称物理模型，是面向计算机物理表示的模型，描述了数据在储存介质上的组织结构，它不但与具体的 DBMS 有关，而且还与操作系统和硬件有关。

每一种逻辑数据模型在实现时都有起对应的物理数据模型。为了保证 DBMS 的独立性与可移植性，大部分物理数据模型的实现工作由系统自动完成，而设计者只设计索引、聚集等特殊结构。在概念数据模型中最常用的是 E-R 模型、扩充的 E-R 模型、面向对象模型及谓词模型。在逻辑数据类型中最常用的是层次模型、网状模型、关系模型。它们也是数据库领域中采用的数据模型，其中应用最广泛的是关系模型。

3.3.3　结构化查询语言

SQL（Structured Query Language）结构化查询语言，是一种数据库查询和程序设计语言，用于存取数据以及查询、更新和管理关系数据库系统。

SQL 是高级的非过程化编程语言，是沟通数据库服务器和客户端的重要工具，允许用户在高层数据结构上工作。它不要求用户指定对数据的存放方法，也不需要用户了解具体的数据存放方式。所以，具有完全不同底层结构的不同数据库系统，可以使用相同的 SQL语言作为数据输入与管理的接口。它以记录集合作为操作对象，所有 SQL 语句接受集合作为输入，返回集合作为输出，这种集合特性允许一条 SQL 语句的输出作为另一条 SQL语句的输入，所以 SQL 语句可以嵌套，这使他具有极大的灵活性和强大的功能，在多数情况下，在其他语言中需要一大段程序实现的功能只需要一个 SQL 语句就可以达到目的，这也意味着用 SQL 语言可以写出非常复杂的语句。

SQL 最早是 IBM 的圣约瑟研究实验室为其关系数据库管理系统 SYSTEM R 开发的一种查询语言，它的前身是 SQUARE 语言。SQL 语言结构简洁、功能强大、简单易学，所以自从 IBM 公司 1981 年推出以来，SQL 语言得到了广泛的应用。如今无论是像 Oracle、Sybase、DB2、Informix、SQL Server 这些大型的数据库管理系统，还是像 Visual Fox-pro、PowerBuilder 这些 PC 上常用的数据库开发系统，都支持 SQL 语言作为查询语言。

美国国家标准局（ANSI）与国际标准化组织（ISO）已经制定了 SQL 标准。ANSI是一个美国工业和商业集团组织，负责开发美国的商务和通信标准。ANSI 同时也是 ISO和 International Electrotechnical Commission（IEC）的成员之一。ANSI 发布与国际标准组织相应的美国标准。1992 年，ISO 和 IEC 发布了 SQL 国际标准，称为 SQL-92。ANSI随之发布的相应标准是 ANSI SQL-92。ANSI SQL-92 有时被称为 ANSI SQL。尽管不同的关系数据库使用的 SQL 版本有一些差异，但大多数都遵循 ANSI SQL 标准。SQL Server 使用 ANSI SQL-92 的扩展集，称为 T-SQL，其遵循 ANSI 制定的 SQL-92 标准。

SQL 语言包含 4 个部分：数据定义语言（DDL）、数据操作语言（DML）、数据查询语言（DQL）、数据控制语言（DCL）。SQL 是用于访问和处理数据库的标准的计算机语言。

1. DDL

数据库模式定义语言 DDL（Data Definition Language）用于定义和管理对象，例如：数据库、数据表以及视图。DDL 语句通常包括每个对象的 CREATE、ALTER 以及DROP 命令。举例来说，CREATE TABLE、ALTER TABLE 以及 DROP TABLE 这些语句便可以用来建立新数据表、修改其属性（如新增或删除资料行）、删除数据表等。

（1）CREATE TABLE 语句

使用 DDL 在 MyDB 资料库建立一个名为 Customer＿Data 的范例数据表（注：以下语句都必须在 SQL Server 数据库中执行），本章后面的例子我们会使用到这个数据表。如前所述，CREATE TABLE 语句可以用来建立数据表。这个范例数据表被定义成四个数据行，如下所示：

```
Use MyDB
```

```
CREATE TABLE Customer_Data
(customer_id smallint,
first_name char(20),
last_name char(20),
phone char(10))
GO
```

这个语句能产生 Customer _ Data 数据表，这个数据表会一直是空的直到数据被填入数据表内。

（2）ALTER TABLE 语句

ALTER TABLE 语句用来修改数据表的定义与属性。在下面的例子中，我们利用 ALTER TABLE 在已经存在的 Customer _ Data 数据表中新增 middle _ initial 数据行。

```
Use MyDB
ALTER TABLE Customer_Data
    ADD middle_initial char(1)
GO
```

（3）DROP TABLE 语句

DROP TABLE 语句用来删除数据表定义以及所有的数据、索引、触发程序、条件约束以及数据表的权限。要删除我们的 Customer _ Data 数据表，可利用下列命令：

```
Use MyDB
DROP TABLE Customer_Data
GO
```

2. DML

DML（Data Manipulation Language）数据操纵语言 DML 利用 INSERT、SELECT、UPDATE 及 DELETE 等语句来操作数据库对象所包含的数据。

（1）INSERT 语句

INSERT 语句用来在数据表或视图中插入一行数据。例如，如果要在 Customer _ Data 数据表中新增一个客户，可使用类似以下的 INSERT 语句：

```
Use MyDB
    INSERT INTO Customer_Data
    (customer_id,first_name,last_name,phone)
    VALUES (777,'Frankie','Stein','4895873900')
GO
```

（2）UPDATE 语句

UPDATE 语句用来更新或修改一行或多行中的值。例如，一位名称为 Frankie Stein 的客户想要在记录中改变他的姓氏为 Franklin，可使用以下 UPDATE 陈述式：

```
Use MyDB
UPDATE Customer_Data
SET first_name = 'Franklin'
WHERE last_name = 'Stein' and customer_id= 777
```

GO

在 WHERE 子句中加入 customer_id 的项目来确定其他名称不为 Stein 的客户不会被影响，只有 customer_id 为 777 的客户，姓氏会有所改变。

（3）DELETE 语句

DELETE 语句用来删除数据表中一行或多行的数据，您也可以删除资料表中的所有数据行。要从 Customer_Data 数据表中删除所有的行，您可以利用下列语句：

```
Use MyDB
DELETE Customer_Data
  GO
```

或

```
Use MyDB
DELETE Customer_Data
  GO
```

数据表名称前的 FROM 关键字在 DELETE 语句中是选择性的。除此之外，这两个语句完全相同。

要从 Customer_Data 数据表中删除 customer_id 数据行的值小于 100 的行，可利用下语句：

```
Use MyDB
DELETE FROM Customer_Data
WHERE customer_id<100
GO
```

（4）SELECT 语句

SELECT 语句用来检索数据表中的数据，而哪些数据被检索由列出的数据行与语句中的 WHERE 子句决定。例如，要从之前建立的 Customer_Data 数据表中检索 customer_id 以及 first_name 数据行的数据，并且只想取出每行中 first_name 数据值为 Frankie 的数据，那么可以利用以下的 SELECT 语句：

```
Use MyDB
SELECT customer_id,first_name FROM Customer_Data WHERE first_name =
  'Frankie'
GO
```

3. DCL

DCL，即 Data Control Language，数据控制语言。DCL 用于控制对数据库对象操作的权限，它使用 GRANT 和 REVOKE 语句对用户或用户组授予或回收数据库对象的权限。

3.3.4　常用数据库

1. DB2

作为关系数据库领域的开拓者和领航人，IBM 在 1977 年完成了 System R 系统的原型，1980 年开始提供集成的数据库服务器——System/38，随后是 SQL/DS for VSE 和

VM，其初始版本与 System R 研究原型密切相关。DB2 for MVS 1 在 1983 年推出。该版本的目标是提供这一新方案所承诺的简单性，数据不相关性和用户生产率。1988 年 DB2 for MVS 提供了强大的在线事务处理（OLTP）支持，1989 年和 1993 年分别以远程工作单元和分布式工作单元实现了分布式数据库支持。最近推出的 DB2 Universal Database 6.1 则是通用数据库的典范，是第一个具备网上功能的多媒体关系数据库管理系统，支持包括 Linux 在内的一系列平台。

2. Oracle

Oracle 前身叫 SDL，由 Larry Ellison 和另两个编程人员在 1977 创办，他们开发了自己的拳头产品，在市场上大量销售，1979 年，Oracle 公司引入了第一个商用 SQL 关系数据库管理系统。Oracle 公司是最早开发关系数据库的厂商之一，其产品支持最广泛的操作系统平台。目前 Oracle 关系数据库产品的市场占有率名列前茅。

3. Informix

Informix 在 1980 年成立，目的是为 Unix 等开放操作系统提供专业的关系型数据库产品。公司的名称 Informix 便是取自 Information 和 Unix 的结合。Informix 第一个真正支持 SQL 语言的关系数据库产品是 Informix SE（Standard Engine）。Informix SE 是在当时的微机 Unix 环境下主要的数据库产品。它也是第一个被移植到 Linux 上的商业数据库产品。

4. Sybase

Sybase 公司成立于 1984 年，公司名称"Sybase"取自"System"和"Database"相结合的含义。Sybase 公司的创始人之一 Bob Epstein 是 Ingres 大学版（与 System/R 同时期的关系数据库模型产品）的主要设计人员。公司的第一个关系数据库产品是 1987 年 5 月推出的 Sybase SQLServer1.0。Sybase 首先提出 Client/Server 数据库体系结构的思想，并率先在 Sybase SQLServer 中实现。

5. SQL Server

1987 年，微软和 IBM 合作开发完成 OS/2，IBM 在其销售的 OS/2 Extended Edition 系统中绑定了 OS/2 Database Manager，而微软产品线中尚缺少数据库产品。为此，微软将目光投向 Sybase，同 Sybase 签订了合作协议，使用 Sybase 的技术开发基于 OS/2 平台的关系型数据库。1989 年，微软发布了 SQL Server 1.0 版。

6. PostgreSQL

PostgreSQL 对象关系数据库管理系统（Object Relational Database Management System，ORDBMS)，它的很多特性是当今许多商业数据库的前身。PostgreSQL 最早开始于 BSD 的 Ingres 项目。PostgreSQL 的特性覆盖了 SQL-2/SQL-92 和 SQL-3。首先，它包括了可以说是目前世界上最丰富的数据类型的支持；其次，目前 PostgreSQL 是唯一支持事务、子查询、多版本并行控制系统、数据完整性检查等特性的一种自由软件的数据库管理系统。

7. MySQL

MySQL 是一个小型关系型数据库管理系统，开发者为瑞典 MySQL AB 公司。在 2008 年 1 月 16 号被 Sun 公司收购。而 2009 年，SUN 又被 Oracle 收购。对于 Mysql 的前途，没有任何人抱乐观的态度。目前 MySQL 被广泛地应用在 Internet 上的中小型网站中。由于其体积小、速度快、总体拥有成本低，尤其是开放源码这一特点，许多中小型网站为了降低网站总体拥有成本而选择了 MySQL 作为网站数据库。

8. Access 数据库

美国 Microsoft 公司于 1994 年推出的微机数据库管理系统。它具有界面友好、易学易用、开发简单、接口灵活等特点，是典型的新一代桌面数据库管理系统。其主要特点如下：

（1）完善地管理各种数据库对象，具有强大的数据组织、用户管理、安全检查等功能。

（2）强大的数据处理功能，在一个工作组级别的网络环境中，使用 Access 开发的多用户数据库管理系统具有传统的 XBASE（DBASE、FoxBASE 的统称）数据库系统所无法实现的客户服务器（Cient/Server）结构和相应的数据库安全机制，Access 具备了许多先进的大型数据库管理系统所具备的特征，如事务处理/出错回滚能力等。

（3）可以方便地生成各种数据对象，利用存储的数据建立窗体和报表，可视性好。

（4）作为 Office 套件的一部分，可以与 Office 集成，实现无缝连接。

（5）能够利用 Web 检索和发布数据，实现与 Internet 的连接。Access 主要适用于中小型应用系统，或作为客户机/服务器系统中的客户端数据库。

9. FoxPro 数据库

最初由美国 Fox 公司 1988 年推出，1992 年 Fox 公司被 Microsoft 公司收购后，相继推出了 FoxPro2.5、2.6 和 VisualFoxPro 等版本，其功能和性能有了较大的提高。FoxPro2.5、2.6 分为 DOS 和 Windows 两种版本，分别运行于 DOS 和 Windows 环境下。FoxPro 比 FoxBASE 在功能和性能上又有了很大的改进，主要是引入了窗口、按钮、列表框和文本框等控件，进一步提高了系统的开发能力。

3.3.5 空间数据库技术

在城市信息化管理中，空间数据库的建立是重要的工作内容。

空间数据库指的是地理信息系统在计算机物理存储介质上存储的与应用相关的地理空间数据的总和，一般是以一系列特定结构的文件的形式组织在存储介质之上的。空间数据库的研究始于 20 世纪 70 年代的地图制图与遥感图像处理领域，其目的是为了有效地利用卫星遥感资源迅速绘制出各种经济专题地图。由于传统的关系数据库在空间数据的表示、存储、管理、检索上存在许多缺陷，从而形成了空间数据库这一数据库研究领域。而传统数据库系统只针对简单对象，无法有效支持复杂对象（如图形、图像）。

1. 空间数据库的特点

（1）数据量庞大

空间数据库面向的是地学及其相关对象，而在客观世界中它们所涉及的往往都是地球表面信息、地质信息、大气信息等及其复杂的现象和信息，所以描述这些信息的数据容量很大，容量通常达到 GB 级。

（2）具有高可访问性

空间信息系统要求具有强大的信息检索和分析能力，这是建立在空间数据库基础上的，需要高效访问大量数据。

（3）空间数据模型复杂

空间数据库存储的不是单一性质的数据，而是涵盖了几乎所有与地理相关的数据类型，这些数据类型主要可以分为3类：

1）属性数据：与通用数据库基本一致，主要用来描述地学现象的各种属性，一般包括数字、文本、日期类型。

2）图形图像数据：与通用数据库不同，空间数据库系统中大量的数据借助于图形图像来描述。

3）空间关系数据：存储拓扑关系的数据，通常与图形数据是合二为一。

（4）属性数据和空间数据联合管理

空间数据库不断要管理空间图形数据，还要属性数据，其具备非空间数据库的全部功能。

（5）应用范围广泛

有关空间数据库的强大能力，其应用非常广泛，几乎涉及空间信息存储的所有领域。

2. 空间数据库设计

数据库因不同的应用要求会有各种各样的组织形式。数据库的设计就是根据不同的应用目的和用户要求，在一个给定应用环境中，确定最优的数据模型、处理模式、存储结构、存取方法，建立能反映现实世界的地理实体间、信息之间的联系，满足用户要求，又能被一定的 DBMS 接受，同时能实现系统目标并有效地存取、管理数据的数据库。简言之，数据库设计就是把现实世界中一定范围内存在着的应用数据抽象成一个数据库的具体结构的过程。

空间数据库的设计是指在现在数据库管理系统的基础上建立空间数据库的整个过程。主要包括需求分析、结构设计、和数据层设计3部分。

（1）需求分析

需求分析是整个空间数据库设计与建立的基础，主要进行以下工作：

1）调查用户需求

了解用户特点和要求，取得设计者与用户对需求的一致看法。

2）需求数据的收集和分析

包括信息需求（信息内容、特征、需要存储的数据）、信息加工处理要求（如响应时间）、完整性与安全性要求等。

3）编制用户需求说明书

包括需求分析的目标、任务、具体需求说明、系统功能与性能、运行环境等，是需求分析的最终成果。

需求分析是一项技术性很强的工作，应该由有经验的专业技术人员完成，同时用户的积极参与也是十分重要的。在需求分析阶段完成数据源的选择和对各种数据集的评价。

（2）结构设计

指空间数据结构设计，结果是得到一个合理的空间数据模型，是空间数据库设计的关键。空间数据模型越能反映现实世界，在此基础上生成的应用系统就越能较好地满足用户对数据处理的要求。

空间数据库设计的实质是将地理空间实体以一定的组织形式在数据库系统中加以表达

的过程，也就是地理信息系统中空间实体的模型化问题。

1）概念设计

概念设计是通过对错综复杂的现实世界的认识与抽象，最终形成空间数据库系统及其应用系统所需的模型。

具体是对需求分析阶段所收集的信息和数据进行分析、整理，确定地理实体、属性及它们之间的联系，将各用户的局部视图合并成一个总的全局视图，形成独立于计算机的反映用户观点的概念模式。概念模式与具体的 DBMS 无关，结构稳定，能较好地反映用户的信息需求。

表示概念模型最有力的工具是 E-R 模型，即实体—联系模型，包括实体、联系和属性 3 个基本成分。用它来描述现实地理世界，不必考虑信息的存储结构、存取路径及存取效率等与计算机有关的问题，比一般的数据模型更接近于现实地理世界，具有直观、自然、语义较丰富等特点，在地理数据库设计中得到了广泛应用。

2）逻辑设计

在概念设计的基础上，按照不同的转换规则将概念模型转换为具体 DBMS 支持的数据模型的过程，即导出具体 DBMS 可处理的地理数据库的逻辑结构（或外模式），包括确定数据项、记录及记录间的联系、安全性、完整性和一致性约束等。导出的逻辑结构是否与概念模式一致，能否满足用户要求，还要对其功能和性能进行评价，并予以优化。

从 E-R 模型向关系模型转换的主要过程为：

①确定各实体的主关键字。

②确定并写出实体内部属性之间的数据关系表达式，即某一数据项决定另外的数据项。

③把经过消冗处理的数据关系表达式中的实体作为相应的主关键字。

④根据②、③的结果，形成新的关系。

⑤完成转换后，进行分析、评价和优化。

3）物理设计

物理设计是指有效地将空间数据库的逻辑结构在物理存储器上实现，确定数据在介质上的物理存储结构，其结果是导出地理数据库的存储模式（内模式）。主要内容包括确定记录存储格式，选择文件存储结构，决定存取路径，分配存储空间。

物理设计的好坏将对地理数据库的性能影响很大，一个好的物理存储结构必须满足 2 个条件：①地理数据占有较小的存储空间。②对数据库的操作具有尽可能高的处理速度。在完成物理设计后，要进行性能分析和测试。

数据的物理表示分 2 类：数值数据和字符数据。数值数据可用十进制或二进制形式表示。通常二进制形式所占用的存储空间较少。字符数据可以用字符串的方式表示，有时也可利用代码值的存储代替字符串的存储。为了节约存储空间，常常采用数据压缩技术。

物理设计在很大程度上与选用的数据库管理系统有关。设计中应根据需要，选用系统所提供的功能。

（3）数据层设计

大多数 GIS 都将数据按逻辑类型分成不同的数据层进行组织。数据层是 GIS 中的一个重要概念。GIS 的数据可以按照空间数据的逻辑关系或专业属性分为各种逻辑数据层或专业数据层，原理上类似于图片的叠置。例如，地形图数据可分为地貌、水系、道路、植被、控制点、居民地等诸层分别存储。将各层叠加起来就合成了地形图的数据。在进行空间分析、数据处理、图形显示时，往往只需要若干相应图层的数据。

数据层的设计一般是按照数据的专业内容和类型进行的。数据的专业内容的类型通常是数据分层的主要依据，同时也要考虑数据之间的关系。如需考虑两类物体共享边界（道路与行政边界重合、河流与地块边界的重合）等，这些数据间的关系在数据分层设计时应体现出来。

不同类型的数据由于其应用功能相同，在分析和应用时往往会同时用到，因此，在设计时应反映出这样的需求，即可将这些数据作为一层。例如，多边形的湖泊、水库，线状的河流、沟渠，点状的井、泉等，在 GIS 的运用中往往同时用到，因此，可作为一个数据层。

（4）数据字典设计

数据字典用于描述数据库的整体结构、数据内容和定义等。

数据字典的内容包括：

1）数据库的总体组织结构、数据库总体设计的框架。

2）各数据层详细内容的定义及结构、数据命名的定义。

3）元数据（有关数据的数据，是对一个数据集的内容、质量条件及操作过程等的描述）。

3.4　网络技术

3.4.1　网络技术概述

计算机网络技术，包括无线网络和有线网络，是城市信息化管理运行和数据传输和交换的基础。计算机网络技术是通信技术与计算机技术相结合的产物。计算机网络是按照网络协议，将地球上分散的、独立的计算机相互连接的集合。连接介质可以是电缆、双绞线、光纤、微波、载波或通信卫星。计算机网络具有共享硬件、软件和数据资源的功能，具有对共享数据资源集中处理及管理和维护的能力。

计算机网络可按网络拓扑结构、网络涉辖范围和互联距离、网络数据传输和网络系统的拥有者、不同的服务对象等不同标准进行种类划分。

一般按网络范围划分为：（1）局域网（LAN）。（2）城域网（MAN）。（3）广域网（WAN）。局域网的地理范围一般在 10km 以内，属于一个部门或一组群体组建的小范围网，例如一个学校、一个单位或一个系统等。广域网涉辖范围大，一般从几十千米至几万千米，例如一个城市，一个国家或洲际网络，此时用于通信的传输装置和介质一般由电信部门提供，能实现较大范围的资源共享。城域网介于 LAN 和 WAN 之间，其范围通常覆盖一个城市或地区。

按网络的交换方式分类：（1）电路交换。（2）报文交换。（3）分组交换。

电路交换方式类似于传统的电话交换方式，用户在开始通信前，必须申请建立一条从发送端到接收端的物理信道，并且在双方通信期间始终占用该通道。

报文交换方式的数据单元是要发送的一个完整报文，其长度并无限制。报文交换采用存储—转发原理，这点有点像古代的邮政通信，邮件由途中的驿站逐个存储转发一样。报文中含有目的地址，每个中间节点要为途经的报文选择适当的路径，使其能最终到达目的端。

分组交换方式也称包交换方式，1969 年首次在 ARPANET 上使用，现在人们都公认 ARPANET 是分组交换网之父，并将分组交换网的出现作为计算机网络新时代的开始。采用分组交换方式通信前，发送端现将数据划分为一个个等长的单位（即分组）这些分组逐个由各中间节点采用存储——转发方式进行传输，最终达到目的端。由于分组长度有限制，可以在中间节点机的内存中进行存储处理，其转发速度大大提高。

除以上几种分类外，还可以按所采用的拓扑结构将计算机网络分为星星网、总线网、环形网、树形网和网形网；按其所采用的传输介质分为双绞线网、同轴电缆网、光纤网、无线网；按信道的带宽分为窄带网和宽带网；按不同的途径分为科研网、教育网、商业网、企业网、校园网等。计算机网络由一组结点和链络组成。网络中的结点有 2 类：转接结点和访问结点。通信处理机、集中器和终端控制器等属于转接结点，它们在网络中转接和交换传送信息。主计算机和终端等是访问结点，它们是信息传送的源结点和目标结点。

计算机网络技术实现了资源共享。人们可以在办公室、家里或其他任何地方，访问查询网上的任何资源，极大地提高了工作效率，促进了办公自动化、工厂自动化、家庭自动化的发展。

21 世纪已进入计算机网络时代。计算机网络极大普及，计算机应用已进入更高层次，计算机网络成为计算机行业的一部分。新一代的计算机已将网络接口集成到主板上，网络功能已嵌入到操作系统之中，智能大楼的兴建已经和计算机网络布线同时、同地、同方案施工。

3.4.2　无线城市

无线城市，就是使用高速宽带无线技术覆盖城市行政区域，向公众提供利用无线终端或无线技术获取信息的服务，提供随时随地接入和速度更快的无线网络。使用无线宽带网络，电脑、智能手机等不再需要连接网线就可以实现联网；另外，无线宽带网络覆盖面广，不仅仅是局限在一个房间、一栋楼里，而是如手机信号那样，覆盖整个城区。例如，用手机看电视、打网络游戏、手机视频聊天、用手机随时召开或参加视频会议、无线传输文稿和照片等大文件、无线网络硬盘、移动电子邮件等。是城市信息化和现代化的一项基础设施，也是衡量城市运行效率、信息化程度以及竞争水平的重要标志。

3.4.3　物联网

物联网是新一代信息技术的重要组成部分。其英文名称是"The Internet of Things"。由此，顾名思义，"物联网就是物物相连的互联网"。这有 2 层意思：（1）物联网的核心和基础仍然是互联网，是在互联网基础上的延伸和扩展的网络。（2）其用户端延伸和扩展到了任何物品与物品之间，进行信息交换和通信。物联网就是"物物相连的互联网"。物联网通过智能感知、识别技术与普适计算、泛在网络的融合应用，被称为继计算机、互联网之后世界信息产业发展的第三次浪潮。物联网是互联网的应用拓展，与其说物联网是网络，不如说物联网是业务和应用。因此，应用创新是物联网发展的核心，以用户体验为核心的创新 2.0 是物联网发展的灵魂。

最初在 1999 年提出：即通过射频识别（RFID）、红外感应器、全球定位系统、激光扫描器、气体感应器等信息传感设备，按约定的协议，把任何物品与互联网连接起来，进行信息交换和通信，以实现智能化识别、定位、跟踪、监控和管理的一种网络。简而言之，物联网就是"物物相连的互联网"。

中国物联网校企联盟将物联网的定义为当下几乎所有技术与计算机、互联网技术的结合，实现物体与物体之间：环境以及状态信息实时的实时共享以及智能化的收集、传递、处理、执行。广义上说，当下涉及信息技术的应用，都可以纳入物联网的范畴。

而在其著名的科技融合体模型中，提出了物联网是当下最接近该模型顶端的科技概念和应用。物联网是一个基于互联网、传统电信网等信息承载体，让所有能够被独立寻址的普通物理对象实现互联互通的网络。其具有：智能、先进、互联的 3 个重要特征。

在物联网应用中有 3 项关键技术：

（1）传感器技术，这也是计算机应用中的关键技术。大家都知道，到目前为止绝大部分计算机处理的都是数字信号。自从有计算机以来就需要传感器把模拟信号转换成数字信号计算机才能处理。

（2）RFID 标签也是一种传感器技术，RFID 技术是融合了无线射频技术和嵌入式技术为一体的综合技术，RFID 在自动识别、物品物流管理有着广阔的应用前景。

（3）嵌入式系统技术是综合了计算机软硬件、传感器技术、集成电路技术、电子应用技术为一体的复杂技术。经过几十年的演变，以嵌入式系统为特征的智能终端产品随处可见；小到人们身边的 MP3，大到航天航空的卫星系统。嵌入式系统正在改变着人们的生活，推动着工业生产以及国防工业的发展。如果把物联网用人体做一个简单比喻，传感器相当于人的眼睛、鼻子、皮肤等感官，网络就是神经系统用来传递信息，嵌入式系统则是人的大脑，在接收到信息后要进行分类处理。这个例子很形象地描述了传感器、嵌入式系统在物联网中的位置与作用。

物联网是在计算机互联网的基础上，利用 RFID、无线数据通信等技术，构造一个覆盖世界上万事万物的"The Internet of Things"。在这个网络中，物品（商品）能够彼此进行"交流"，而无需人的干预。其实质是利用射频自动识别（RFID）技术，通过计算机互联网实现物品（商品）的自动识别和信息的互联与共享。

而 RFID，正是能够让物品"开口说话"的一种技术。在"物联网"的构想中，RFID标签中存储着规范而具有互用性的信息，通过无线数据通信网络把它们自动采集到中央信息系统，实现物品（商品）的识别，进而通过开放性的计算机网络实现信息交换和共享，实现对物品的"透明"管理。物联网的含义，从两化融合这个角度分析物联网的含义：

（1）工业化的基础是自动化，自动化领域发展了近百年，理论、实践都已经非常完善了。特别是随着现代大型工业生产自动化的不断兴起和过程控制要求的日益复杂营运而生的 DCS 控制系统，更是计算机技术，系统控制技术、网络通信技术和多媒体技术结合的产物。DCS 的理念是分散控制，集中管理。虽然自动设备全部联网，并能在控制中心监控信息而通过操作员来集中管理。但操作员的水平决定了整个系统的优化程度。有经验的操作员可以使生产最优，而缺乏经验的操作员只是保证了生产的安全性。是否有办法做到分散控制，集中优化管理？需要通过物联网根据所有监控信息，通过分析与优化技术，找到最优的控制方法，是物联网可以带给 DCS 控制系统的。

（2）IT 信息发展的前期其信息服务对象主要是人，其主要解决的问题是解决信息孤岛问题，当为人服务的信息孤岛问题解决后，是要在更大范围解决信息孤岛问题，就是要将物与人的信息打通。人获取了信息之后，可以根据信息判断，做出决策，从而触发下一步操作。但由于人存在个体差异，对于同样的信息，不同的人做出的决策是不同的，如何从信息中获得最优的决策？另外物获得了信息是不能做出决策的，如何让物在获得了信息之后具有决策能力？智能分析与优化技术是解决这个问题的一个手段，在获得信息后，依据历史经验以及理论模型，快速做出最优决策。数据的分析与优化技术在两化融合的工业化与信息化方面都有旺盛的需求。

物联网智库认为物联网的定义源于 IBM 的智慧地球方案，《十二五规划》中九大试点行业全部都是行业的智能化。无论智慧方案，还是智能行业，智能的根本离不开数据分析与优化技术。数据的分析与优化是物联网的关键技术之一，也是未来物联网发挥价值的关键点。物联网就是各行各业的智能化。

思考题

1. 城市信息化管理的技术基础有哪些？
2. 简述计算机系统的组成及分类。
3. 什么是"3S"技术？其各自有哪些特点？
4. 列举"3S"技术集成应用的例子。
5. 数据库系统有哪些组成部分，其各部分的特点是什么？
6. 列举网络技术在城市管理中的应用实例。

第 4 章 城市的信息化表达

城市信息化管理主要管理城市的空间实体，如何实现空间实体在计算机中进行表达是本章的主题。能够整体、直观的表达城市的空间实体的方式就是地图，人类使用地图已经有了很悠久的历史。但是，直到近代，地图才作为文档印刷出来。现代地图中仍然沿用了许多古代地图的表达方法，如：用双线表示道路、用文字作注记、用蓝色表示水体等。随着计算机的普及和地理信息系统（GIS）技术的发展，地图现在已成为人们非常熟悉的印刷品，并且地图也能在计算机上交互地可视化显示。

4.1 空间实体

空间实体（Spatial Entity）指具有确定的位置和形态特征并具有地理意义的地理空间物体。空间实体具有确定的形态（可以或不可见），空间实体具有空间属性和非空间属性。空间实体的类型有点、线、面、体等。

4.1.1 空间实体的空间属性

以空间实体为定义域，随空间实体的延展而变化的地理现象（变量）称为空间属性，例如，河流深度、水流速度、水面宽度、土壤类型等。

4.1.2 空间实体的非空间属性

不随空间实体的延展而变化的地理现象（变量）成为非空间属性，例如，河流名字、城市人口等。

4.2 空间实体的计算机描述

对空间实体的描述有 5 种内容：识别码、位置、实体特征、实体的角色、行为或功能以及实体的空间特性。

4.2.1 点实体

点（Point）实体：有特定位置，维数为 0 的物体。有位置，无宽度和长度；矢量数据描述方式：(x, y)，有如下几种类型，如图 4-1 所示：

（1）实体点：用来代表一个实体。

（2）注记点：用于定位注记。

（3）内点：用于负载多边形的属性，存在于多边形内。

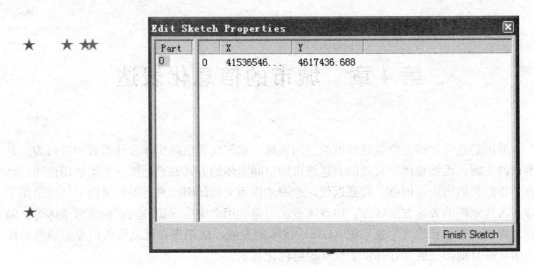

图 4-1　点实体的描述图

（4）结点：表示线的终点和起点。

（5）角点：表示线段和弧段的内部点。

4.2.2　线实体

线状（line）实体，由一列有序坐标表示有如下特性，如图 4-2 所示：

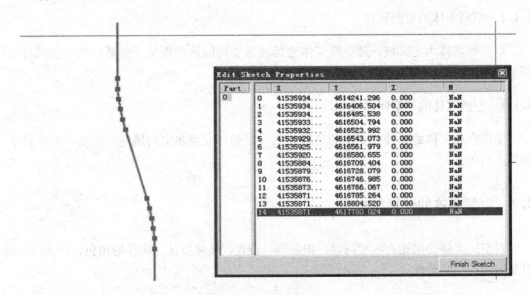

图 4-2　线实体的描述图

（1）实体长度：从起点到终点的总长。

（2）弯曲度：用于表示像道路拐弯时弯曲的程度。

（3）方向性：长流方向是从上游到下游，公路则有单向与双向之分。

（4）线状实体包括线段、边界、链、弧段、网络等，有长度，但无宽度和高度，通常在网络分析中使用较多，矢量数据描述方式：$(x_1, y_1)(x_2, y_2)(x_3, y_3)\cdots\cdots$。

4.2.3 面实体

面状（Polygon）实体也称为多边形，是对湖泊、岛屿、地块等一类现象的描述。在数据库中由一封闭曲线加内点来表示。面状实体具有长和宽的目标，通常用来表示自然或人工的封闭多边形，一般分为连续面和不连续面，如图4-3所示。

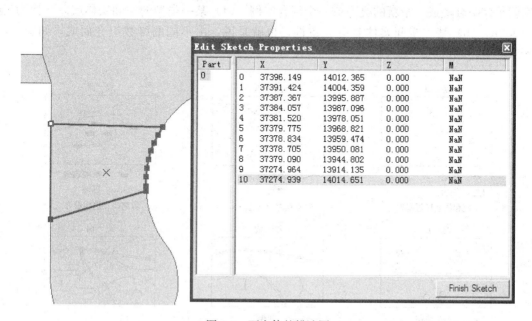

图4-3　面实体的描述图

4.2.4 立体状实体

立体状实体用于描述三维空间中的现象与物体，它具有长度、宽度及高度等属性。通常用来表示人工或自然的三维目标，如建筑、矿体等三维目标。矢量数据描述方式：$(x_1，y_1，z_1)(x_2，y_2，z_2)(x_3，y_3，z_3)(x_4，y_4，z_4)$……，如图4-4所示。

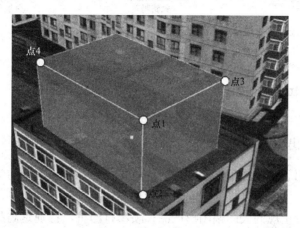

图4-4　立体状实体的描述图

4.2.5　实体组合

现实世界的各种现象比较复杂，往往由不同的空间单元组合而成，例如：

（1）根据某些空间单元，可以将空间问题表达出来一个特殊任务有时需要几种空间单元来描述。（2）复杂实体有可能由不同维数和类型的空间单元组合而成。（3）某一类型的空间单元组合形成一个新的类型或一个复合实例。（4）某一类型的空间实体或以转换为另一类型。（5）某些空间实体具有二重性，也就是说，由不同的维数组合而成，如图 4-5 所示。

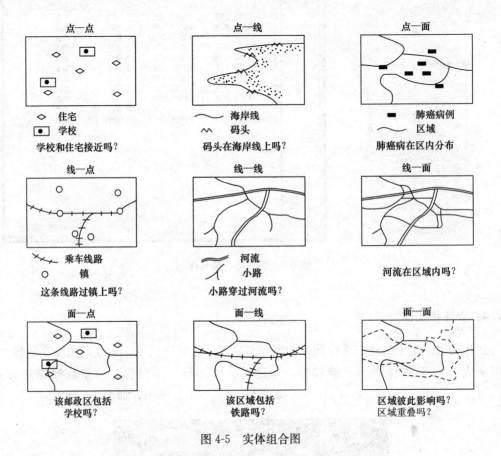

图 4-5　实体组合图

4.3　空间信息输出

4.3.1　空间信息输出方式

屏幕显示主要用于系统与用户交互式的快速显示，是比较廉价的输出产品，需以屏幕摄影方式做硬拷贝，可用于日常的空间信息管理和小型科研成果输出；矢量绘图仪制图用来绘制高精度的比较正规的大图幅图形产品；喷墨打印机，特别是高品质的激光打印机已经成为当前地图产品的主要输出设备。表 4-1 列出了主要的图形输出设备。

主要图形输出设备一览表　　　　　　　　　　　　　　　表 4-1

设　　备	图形输出方式	精度	特　　　点
矢量绘图机	矢量线划	高	适合绘制一般的线划地图，还可以进行刻图等特殊方式的绘图
喷墨打印机	栅格点阵	高	可制作彩色地图与影像地图等各类精致地图制品
高分辨彩显	屏幕象元点阵	一般	实时显示 GIS 的各类图形、图像产品
行式打印机	字符点阵	差	以不同复杂度的打印字符输出各类地图，精度差、变形大
胶片拷贝机	光栅	较高	可将屏幕图形复制至胶片上，用于制作幻灯片或正胶片

1. 屏幕显示

由光栅或液晶的屏幕显示图形、图像，常用来做人和机器交互的输出设备。将屏幕上所显示的图形采用屏幕拷贝的方式记录下来，以在其他软件支持下直接使用。

由于屏幕同绘图机的彩色成图原理有着明显的区别，所以，屏幕所显示的图形如果直接用彩色打印机输出，两者的输出效果往往存在着一定的差异，这就为利用屏幕直接进行地图色彩配置的操作带来很大的障碍。解决的方法一般是根据经验制作色彩对比表，依此作为色彩转换的依据。近年来，部分地理信息系统与机助制图软件在屏幕与绘图机色彩输出一体化方面已经做了不少卓有成效的工作。

2. 矢量绘图

矢量制图通常采用矢量数据方式输入，根据坐标数据和属性数据将其符号化，然后通过制图指令驱动制图设备；也可以采用栅格数据作为输入，将制图范围划分为单元，在每一单元中通过点、线构成颜色、模式表示，其驱动设备的指令依然是点、线。矢量制图指令在矢量制图设备上可以直接实现，也可以在栅格制图设备上通过插补，将点、线指令转化为需要输出的点阵单元，其质量取决于制图单元的大小。

在图形视觉变量的形式中，符号形状可以通过数学表达式、连接离散点、信息块等方法形成；颜色采用笔的颜色表示；图案通过填充方法按设定的排列方向进行填充。

常用的矢量制图仪器有笔式绘图仪，它通过计算机控制笔的移动而产生图形。大多数笔式绘图仪是增加型，即同一方向按固定步长移动而产生线。许多设备有两个马达，一个为 X 方向，另一个是 Y 方向。利用一个或两个马达的组合，可在 8 个对角方向移动。但是移动步长应很小，以保持各方向的移动相等。

3. 打印输出

打印输出一般是直接由栅格方式进行的，可利用以下几种打印机。

(1) 点阵打印机：点阵打印是用打印机内的撞针去撞击色带，然后利用印字头将色带上的墨水印在纸上而达成打印的效果，点精度达 0.141mm，可打印比例准确的彩色地图，且设备便宜，成本低，速度与矢量绘图相近，但渲染图比矢量绘图均匀，便于小型地理信息系统采用，目前主要问题是解析度低，且打印幅面有限，大的输出图需进行图幅拼接。

(2) 喷墨打印机（亦称喷墨绘图仪）：是高档的点阵输出设备，输出质量高、速度快，随着技术的不断完善与价格的降低，目前已经取代矢量绘图仪的地位，成为 GIS 产品主要的输出设备，如图 4-6 所示。

（3）激光打印机：是一种既可用于打印又可用于绘图的设备，是利用碳粉附着在纸上而成像的一种打印机，由于打印机内部使用碳粉，属于固体，而激光光束又不受环境影响的特性，所以激光打印机可以长年保持印刷效果清晰细致，印在任何纸张上都可得到好的效果。绘制的图像品质高、绘制速度快，将是计算机图形输出未来的基本发展方向。

图 4-6　喷墨绘图机图

4.3.2　空间信息输出类型

地理信息系统产品是指由系统处理、分析，可以直接供研究、规划和决策人员使用的产品，其形式有地图、图像、统计图表以及各种格式的数字产品等。地理信息系统产品是系统中数据的表现形式，反映了地理实体的空间特征和属性特征。

1. 地图

地图是空间实体的符号化模型，是地理信息系统产品的主要表现形式，如图 4-7 所示，根据地理实体的空间形态，常用的地图种类有点位符号图、线状符号图、面状符号图、等值线图、三维立体图、晕渲图等。点位符号图在点状实体或面状实体的中心以制图符号表示实体质量特征；线状符号图采用线状符号表示线状实体的特征；面状符号图在面状区域内用填充模式表示区域的类别及数量差异；等值线图将曲面上等值的点以线划连接起来表示曲面的形态；三维立体图采用透视变换产生透视投影，使读者对地物产生深度感并表示三维曲面的起伏；晕渲图以地物对光线的反射产生的明暗使读者对二维表面产生起伏感，从而达到表示立体形态的目的，如图 4-8 所示。

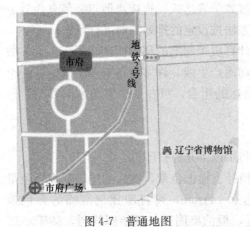

图 4-7　普通地图

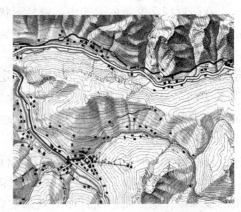

图 4-8　晕渲图

2. 图像

图像也是空间实体的一种模型，它不采用符号化的方法，而是采用人的直观视觉变量（如灰度、颜色、模式）表示各空间位置实体的质量特征。它一般将空间范围划分为规则的单元（如正方形），然后再根据几何规则确定的图像平面的相应位置，用直观视觉变量表示该单元的特征，图 4-9、图 4-10 为由喷墨打印机输出的正射影像地图和三维模拟建筑图。

图 4-9　正射影像地图　　　　　　　　　　图 4-10　三维模拟建筑图

3. 统计图表

非空间信息可采用统计图表表示。统计图将实体的特征和实体间与空间无关的相互关系采用图形表示，它将与空间无关的信息传递给使用者，使得使用者对这些信息有全面、直观的了解。统计图常用的形式有柱状图、扇形图、直方图、折线图和散点图等。统计表格将数据直接表示在表格中，使读者可直接看到具体数据值。图 4-11 表示统计图表与地图的综合使用所形成的辽宁省各市周长和面积对比专题地图。

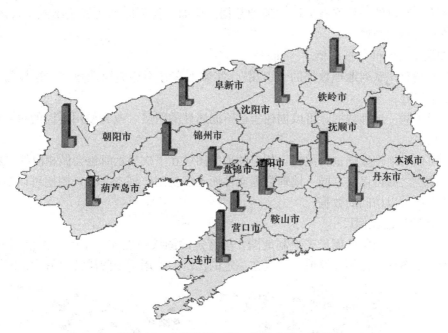

图 4-11　专题地图（深：周长和浅：面积）

随着数字图像处理系统、地理信息系统、制图系统以及各种分析模拟系统和决策支持系统的广泛应用，数字产品成为广泛采用的一种产品形式，提供信息作进一步的分析和输出，使得多种系统的功能得到综合。数字产品的制作是将系统内的数据转换成其他系统采用的数据形式。

4.4 空间信息可视化

空间信息的可视化是指运用地图学、计算机图形学和图像处理技术，将地学信息输入、处理、查询、分析以及预测的数据及结果采用图形符号、图形、图像，并结合图表、文字、表格、视频等可视化形式显示，并进行交互处理的理论、方法和技术。

可视化的基本含义是将科学计算中产生的大量非直观的、抽象的或者不可见的数据，借助计算机图形学和图像处理等技术，以图形图像信息的形式，直观、形象地表达出来，并进行交互处理。地图是空间信息可视化的最主要和最常用的形式。在地理信息系统中，可视化则以地理信息科学、计算机科学、地图学、认知科学、信息传输学与地理信息系统为基础，并通过计算机技术、数字技术、多媒体技术动态，直观、形象地表现、解释、传输地理空间信息并揭示其规律，是关于信息表达和传输的理论、方法与技术的一门学科。

地理信息系统中的空间信息可视化从表现内容上来分，有地图（图形）、多媒体、虚拟现实等；从空间维数上来分有二维可视化、三维可视化、多维动态可视化等。此处侧重介绍空间信息可视化的基本形式和技术。

4.4.1 使用图层表达空间信息

图层（Layer）是 GIS 是地图上地理表达的基本单位。每个图层表达的是按照地图绘制者的规范绘制出的一系列有关联的地理数据。比如，你可以创建表达溪流、政区界线、测量点位和公路的图层。

1. 图层是对空间数据的概括（抽象）

图层只是对一系列地理数据的"引用"，实质上它并不存储地理数据。这样的工作方法，有以下好处：

（1）对于同一地理数据，可以创建表达不同属性的图层，或者使用不同的符号化方法来创建图层。

（2）可以对地理数据进行编辑，相应的地图图层在下次显示时也会做相应的更新。

（3）图层之间可以共享同一地理数据文件而不需要制作副本拷贝。图层可以引用网络上任一位置的可以访问的数据。

2. 控制图层的比例尺

可以使用任一地图比例尺来绘制地图，但特定的图层只能在一定的比例范围内显示。可以设置一个图层的比例尺阈值，并且在一定的比例尺下用一个图层替换另一个图层。

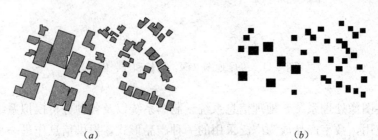

(a)   *(b)*

图 4-12 控制图层的比例尺图

(a) 大比例尺；*(b)* 小比例尺

3. 图层的类型

在地图上可以用一系列不连续的要素、影像或栅格、表面来表示各类要素。矢量数据可以对应为点图层、线图层、多边形图层。栅格数据对应一个栅格层。栅格层由具有属性值的象元的矩阵组成。TIN 图层用来表示地球表面的形状，TIN 图层用一种绘图方法表示出了不规则三角网（TIN）中 Z 值的变化。一个 TIN 图层由一系列具有公共结点和边的三角形组成，如图 4-13 所示。

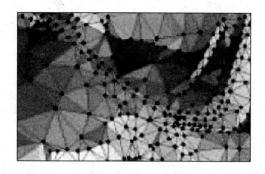

图 4-13　TIN 图层图

4.4.2　符号运用

空间对象以其位置和属性为特征。当用图形图像表达空间对象时，一般用符号位置来表示该要素的空间位置，用该符号与视觉变量组合来显示该要素的属性数据。例如，道路在地图上一般用线状符号表达，通过线型，如线宽来区分不同的道路级别，粗实线表示高等级公路，而细实线表示低等级公路。

地图符号系统中的视觉变量包括形状、大小、纹理、图案、色相、色值和彩度。形状表征了图上要素类别。大小和纹理（符号斑纹的间距）表征了图上数据之间的数量差别。例如，一幅地图可用大小不同的圆圈来代表不同规模等级的城市。色相、色值和彩度，以及图案则更适合于表征标称（Nominal）或定性（Qualitative）数据。例如，在同一幅地图上可用不同的面状图案代表不同的土地利用类型。

矢量数据和栅格数据在符号运用上不尽相同。对栅格数据而言，符号的选择不是问题，因为无论被描述的空间对象是点、线还是面，符号都是由栅格象元组成。另外在视觉变量的选择上，栅格数据也受限制。由于栅格象元的问题，形状和大小这两个视觉变量并不适合于栅格数据，纹理和图案可用于较低分辨率的制图要求，但象元较小时就不适合。因此，栅格数据的表达就局限在用不同的颜色和颜色阴影来显示。矢量数据可以采用丰富多彩的符号、线形，充填等表达。运用符号表达空间对象时，要注意以下几点：

1. 符号的定位

地图上常常以符号的位置表达其实际空间位置，这就是常说的符号定位问题。符号定位的一般原则是准确，保证所示空间对象在逻辑和美观上的和谐统一。但有时由于实际空间对象的位置重叠或相距很近，当用符号表达时，容易产生拥挤现象，破坏了图形的美观性和易读性。这时可保留重要地物的准确位置，而其他次要地物可相对移动，如图 4-14 所示。点状符号、线状符号的定位可参见地图学书籍。

符号定位中，较困难的是点的定位，特别是在点描法地图中。例如，一个点代表 1000 人，某区有 10000 人，意味着在该区应布置 10 个点。如何在该区布置 10 个点是一个比较难解决的问题。采用随机布点或均匀布点可能导致不符合实际情况的地图。这种情况下，一般要参照其他的资料来进行点位的确定。例如，人口普查图中的布点，可参考人口普查街区图或人口普查地图来进行。

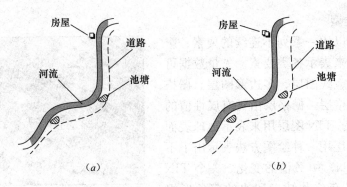

图 4-14　符号移位图

(*a*) 对象的真实位置；(*b*) 表示的对象位置

2. 易读性

空间对象属性通过符号的视觉变量来进行区分，视觉变量包括形状、大小、方位、色调、亮度和色度 6 类。空间对象的属性可通过视觉变量的不同组合来表达。因此，符号的布局、组合和纹理直接影响到图面的易读性。一般情况下，线状符号比较容易分离，图案、形状、颜色和阴影要截然不同，并且形状要清晰可辨。

符号的可见性还涉及符号自身的可见性。如果线状符号比较容易识别，其宽度就不必很大。不同颜色的组合也可改变符号的可辨性。经典的例子就是交通符号，形状各异的交通符号可以使行人和驾驶员不必读文字而获得交通信息。

3. 视觉差异性

图形元素和背景、相邻元素的对比是符号运用中最为重要的一点。视觉上的差异性可以提高符号的分辨能力和识别能力。符号运用过程中，要尽量使用符号视觉变量的不同组合来提高易读性，但过多的符号差异会导致图面的繁杂，也不利于符号的识别。

4. 原始数据与派生数据制图中的符号配置

属性数据根据加工与否可分为两类，即原始数据和派生数据。原始数据是通过测量或调查而得到的数据，如人口调查中的一个县的人口数量；而派生数据一般是指经过加工的数据，如人口密度等。对原始数据和派生数据的符号配置需要考虑图形的可比性。这里以人口制图为例进行说明：人口密度是人口数与区域面积的比值，该值不依赖区域的大小。对于人口数相同而面积不同的两个区域来说，其人口密度就不同，如果用等值区域图以人口数量来进行制图，则区域面积的大小差异会严重影响图形的可比性。因此，一般建议等值区域图用来进行派生数据的表达，而分级符号图用来进行原始数据的制图。

4.4.3　颜色运用

地图中颜色的运用为地图增添特殊的魅力，一般条件下制图者都会首选制作彩色地图，其次才是黑白地图。实际上地图中色彩的运用经常被误解与错用。地图制作中色彩的运用首先必须理解色彩的三个属性，即色相、色值和彩度。色相（又称色别）是一种色彩得以与另一种色彩相区别的性质，如红色与绿色即为不同的色相。色相也可定义为组成一种颜色的光的主波长。一般将不同的色相与不同类型的数据联系起来。色值是一种颜色的亮度或暗度，黑色为低值而白色为高值。在一幅地图上通常感到较暗的符号更重要。彩度又称之为饱和度或强度，指的是一种颜色的丰富程度或鲜明程度。完全饱和的颜色为纯色，而低饱和度的颜色则偏灰。通常，颜色饱和度越高的符号其视觉重要性也越大。

地图上色彩的运用遵循一定的经验法则，一般有以下几个原则：

1. 感情色彩

色彩与人的情感有广泛的联系，而不同民族的文化特点和背景又赋予色彩以各自的含义和象征。制图中色彩一般分为暖色和冷色两种。例如，红色为暖色而青色为冷色。与色相相结合，则有干湿之分。例如，浅黄色象征干燥，而蓝色象征湿润。制图中要充分考虑人的感情色彩和情绪，使得效果更人性化。

2. 习惯用色

在长期的研究实践中，制图人员总结出一系列的习惯用色，有的已约定俗成，有的已形成规范。数据表达中，要充分考虑人们在长期阅图中形成的习惯和专业背景。

3. 色彩方案

色相是适于表征定性数据的视觉变量，而色值与彩度则更适合于表征定量数据。定性数据属于标称数据，而定量数据则属于需用排序、区间和比率等尺度来量度的数据。对一幅定性地图而言，找到10种或15种易于相互区别的颜色并不难。如果一幅地图需要更多种颜色，则可将另一种定性的视觉变量——图案，或者文字，与颜色组合在一起形成更多的地图符号。

色彩的配置方案主要是通过色相、色值（亮度）和彩度（饱和度）的综合运用来表达不同制图对象的属性信息。按色彩有单变量、双变量和三变量的颜色之分，按变量性质有定性方案、二元方案、顺序方案、分支方案4种等，它们又可组成不同的色彩配置方案。

（1）单变量色彩方案

定性方案：单变量的定性方案主要表示不同性质的种类，方案中的色彩亮度应该相似而不相等。

二元方案：单变量的二元方案也是定性数据的一种表达，数据一般被分为两个相对的种类。例如，是/不是、出现/不出现等，一般通过中性色、单一颜色或两种颜色来表达，但应选取相反的亮度，如灰-白、红-白、淡蓝-深蓝等。

序列方案：序列化方案用来表达有高到低分类的序列化数据，可用序列化的色彩亮度来表示。通常低值采用亮色而高值采用深色，若背景较暗时，这个关系也可倒过来。无论用何种，必须保证采用颜色所形成的亮度序列与数据类的顺序相关。

分支方案：分支方案也称为两极方案，主要用来强调由关键点（平均值、中值、零点）向两侧扩散的量化数据显示，可用向两侧扩散的亮度阶来表示。

（2）双变量色彩方案

在交互可视化探索中，二变量色彩方案可以进行更详细的分类对比。

定性/二元方案：此方案中把一系列色彩的亮暗两阶同时制图，其中亮暗对应二元方案中的两个量。增加要强调的二元变量所对应所有色相的饱和度可以增强地图的视觉强调性和一致性。

定性/序列方案：定性变量可采用几个颜色来表达，序列变量采用对应色的序列亮度阶来表示。

序列/序列方案：两个序列化方案的组合在地图学中是最引人注目的。此方案可以表达同一位置或区域的两个变量。可以认为序列/序列方案是两个序列方案中所有颜色组合的逻辑混合。因此，方案是以两个颜色为基础，如果两种颜色完成交叉将产生一个中性的对角线和不饱和过渡色。在整个方案的构造中，应包含系统的亮度差异，不应依靠色彩来揭示量级上的差异。

分支/二元和分支/序列方案：这两个方案具有相似的视觉特征。此方案的成功应用应依靠可用的大亮度反差范围，一般大亮度色阶是用在二元和序列化变量上，在色彩变化支持下的小亮度色阶用来表达方案中每个大亮度色阶内的分支变量。

分支/分支方案：此方案是二变量方案中唯一一个不是由单变量方案直接叠加而成，因为此方案需要色彩差异来表达两种变量。

（3）三变量色彩方案

三变量色彩变量通常用于表达构成百分比的和为 100％的三个变量。

4.4.4　注记运用

每幅地图都需要用一定的文字或者注记来标记制图要素，制图者把字体当作一种地图符号，因为与点状、线状、面状符号一样，字体也有多种类型。运用不同的字体类型表征出悦目、和谐的地图是制图者所面临的一项主要任务。

字体在字样、字形、大小和颜色方面变化多样。字样指的是字体的设计特征，而字形指的是字母形状方面的不同。字形包括了在字体重量或笔画粗细（粗体、常规或细长体）、宽度（窄体或宽体）、直体与斜体（或者罗马字体与斜体）、大写与小写等方面的不同变化。

（1）字体变化：字体变化可以像视觉变量一样在地图符号中起作用。字样、字体颜色、罗马字体或斜体等方面的差异更适合于表现定性数据，而字体大小、字体粗细和大小写等方面的差异则更适合于表现定量数据。例如，在一幅显示城市不同规模的地图上，一般是用大号、粗体和大写字体表示最大的城市，而用小号、细体和小写字体表示最小的城市。

（2）字体类型：在选择字体类型的时候要考虑可读性、协调性和传统习惯性。注记的可读性必须与协调性相平衡。注记的功能就是传达地图内容。因此，注记必须清晰可读但又不能吸引过多的注意力。通常可以通过在一幅图上只选用 1～2 种字样，并选用另一些字体变化用于标注不同要素或符号来取得协调美观的效果。例如，在制图对象的主体中较少采用修饰性字体，但在图名和图例等部分习惯用修饰性字体。已经形成的习惯有：水系要素用斜体，行政单元名称用粗体，并且名称按规模大小有字体大小的区分，太多的字体类型会使得图面显示不协调。

（3）字体摆放：地图上文字或标注的摆放与字体变化的选择同样重要。一般遵循以下规则：文字摆放的位置应能显示其所标识空间要素的位置和范围。点状要素的名称应放在其点状符号的右上方；线状要素的名称应以条块状与该要素走向平行；面状要素的名称应放在能指明其面积范围的地方。

GIS 中的标注不是一件容易的事。标注的基本要求是清晰性、可读性、协调性和习惯性，然而制图要素的重叠、位置上的冲突等都使得这些要求难以满足，一般需要进行多次、交互式的、基于思维的反复调整才能最终确定，如图 4-15 所示。

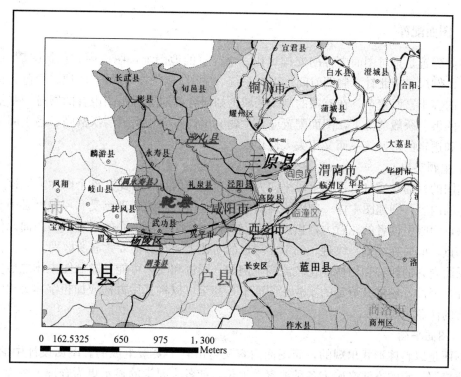

（a）

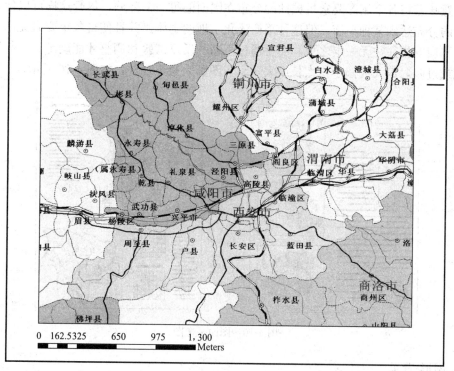

（b）

图 4-15　注记的运用与对比图

（a）图字体变化繁多，使得图面协调被破坏；（b）图是调整后的注记，字体均匀，图面要协调许多

4.4.5　图面配置

图面配置是指对图面内容的安排。在一幅完整的地图上，图面内容包括图廓、图名、图例、比例尺、指北针、制图时间、坐标系统、主图、副图、符号、注记、颜色、背景等内容，内容丰富而繁杂，在有限的制图区域上如何合理地进行制图内容的安排，并不是一件轻松的事。一般情况下，图面配置应该主题突出、图面均衡、层次清晰、易于阅读，以求美观和逻辑的协调统一而又不失人性化。

1. 主题突出

制图的目的是通过可视化手段来向人们传递空间信息，因此在整个图面上应该突出所要传递的内容，即地图主体。制图主体的放置应遵循人们的心理感受和习惯，必须有清晰的焦点，为吸引读者的注意力，焦点要素应放置于地图光学中心的附近，即图面几何中心偏上一点，同时在线划、纹理、细节、颜色的对比上要与其他要素有所区别。

图面内容的转移和切换应比较流畅。例如，图例和图名可能是随制图主体之后要看到的内容，因此，应将其清楚的摆放在图面上，甚至可以将其用方框或加粗字体突出，以吸引读者的注意力。

2. 图面平衡

图面是以整体形式出现的，而图面内容又是由若干要素组成的。图面设计中的平衡，就是要按照一定的方法来确定各种要素的地位，使各个要素的显示更为合理。图面布置得平衡不意味着将各个制图要素机械性的分布在图面的每一个部分，尽管这样可以使各种地图要素的分布达到某种平衡，但这种平衡淡化了地图主体，并且使得各个要素无序。图面要素的平衡安排往往无一定之规，需要通过不断的反复试验和调整才能确定。一般不要出现过亮或过暗，偏大或偏小，太长或太短、与图廓太紧等现象，如图 4-16 所示。

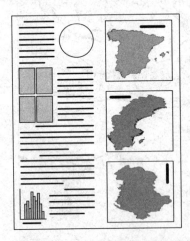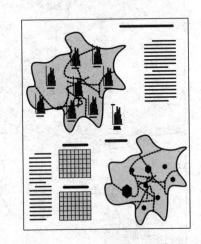

图 4-16　图面平衡图

3. 图形-背景

图形在视觉上更重要一些，距读者更近一些，有形状、令人深刻的颜色和具体的含义。背景是图形背景，以衬托和突出图形。合理的利用背景可以突出主体，增加视觉上的影响和对比度，但背景太多会减弱主体的重要性。图形-背景并不是简单地决定应该有多少对象和多少背景，而是要将读者的注意力集中在图面的主体上。例如，如果在图面的内部填充的是和背景一样的颜色，则读者就会分不清陆地和水体，如图 4-17 所示。

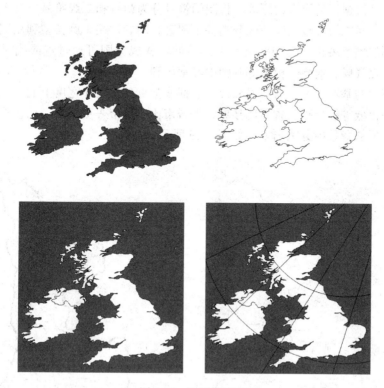

图 4-17　图形-背景图

图形-背景可用他们之间的比值进行衡量，称为图形-背景比率。提高图形-背景比率的方法是使用人们熟悉的图形。例如，分析陕北黄土高原的地形特点时，可以将陕西省从整体中分离出来，可以使人们立即识别出陕西的形状，并将其注意力集中到焦点上。

4. 视觉层次

视觉层次是图形-背景关系的扩展。视觉层次是指将三维效果或深度引入制图的视觉设计与开发过程，它根据各个要素在制图中的作用和重要程度，将制图要素置于不同的视觉层次中。最重要的要素放在最顶层并且离读者最近，而较为次要的要素放在底层且距读者比较远，从而突出了制图的主体，增加了层次性、易读性和立体感，使图面更符合人们的视觉生理感受。

视觉层次一般可通过插入、再分结构和对比等方式产生。

插入是用制图对象的不完整轮廓线使它看起来像位于另一对象之后。例如当经线和纬线相交于海岸时，大陆在

图 4-18　插入法图形配置图

地图上看起来显得更重要或者在整个视觉层次中占据更高的层次，图名、图例如果位于地图轮廓线以内，无论是否带修饰，看起来都会更突出。

再分结构是根据视觉层次的原理，将制图符号分为初级和二级符号，每个初级符号赋予不同的颜色，而二级符号之间的区分则基于图案。例如，在土壤类型利用图上，不同土壤类型用不同的颜色表达，而同一类型下的不同结构成分则可通过点或线对图案进行区分。再分结构在气候、地质、植被等制图中经常用到。

对比是制图的基本要求，对布局和视觉层都非常重要。尺寸宽度上的变化可以使高等级公路看起来比低等级公路、省界比县界、大城市比小城市等更重要，而色彩、纹理的对比则可以将图形从背景中分离出来，如图 4-19 所示。

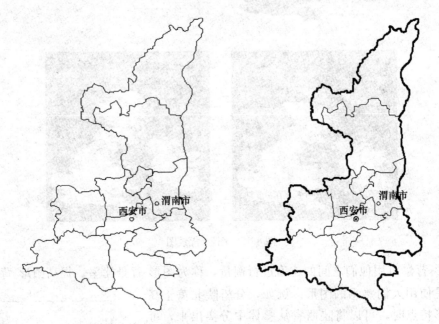

图 4-19　对比法突出制图主体和重要性图（陕西省）

不论是插入法还是对比法，应用过程中要注意不要滥用。过多地使用插入，将会导致图面的费解而破坏平衡性，而过多地对比则会导致图面和谐性的破坏。如，亮红色和亮绿色并排使用就会很刺眼。

4.5　制图内容的一般安排

4.5.1　主图

主图是地图图幅的主体，应占有突出位置及较大的图面空间。同时，在主图的图面配置中，还应注意以下的问题：

（1）在区域空间上，要突出主区与邻区是图形与背景的关系，增强主图区域的视觉对比度。

（2）主图的方向一般按惯例定为上北下南。如果没有经纬网格标示，左、右图廓线即指示南北方向。但在一些特殊情况下，如果区域的外形延伸过长，难以配置在正常的制图区域内，就可考虑与正常的南北方向作适当偏离，并配以明确的指向线。

（3）移图。制图区域的形状、地图比例尺与制图区域的大小难以协调时，可将主图的一部分移到图廓内较为适宜的区域，这就成为移图。移图也是主图的一部分。移图的比例尺可以与主图比例尺相同，但经常也会比主图的比例尺缩小。移图与主图区域关系的表示应当明白无误。假如比例尺及方向有所变化，均应在移图中注明。在一些表示我国完整疆域的地图中，经常在图的右下方放置比例尺小于大陆部分的南海诸岛，就是一种常见的移图形式。

（4）重要地区扩大图。对于主图中专题要素密度过高，难以正常显示专题信息的重要区域，可适当采取扩大图的形式处理。扩大图的表示方法应与主图一致，可根据实际情况适当增加图形数量。扩大图一般不必标注方向及比例尺。

4.5.2 副图

副图是补充说明主图内容不足的地图，如主图位置示意图、内容补充图等。一些区域范围较小的单幅地图，用图者难以明白该区域所处的地理位置，需要在主图的适当位置配上主图位置示意图，它所占幅面不大，但却能简明、突出地表现主图在更大区域范围内的区位状况。内容补充图是把主图上没有表示、但却又是相关或需要的内容，以副图形式表达，如地貌类型图配一幅比例尺较小的地势图，地震震中及震级分布图上一幅区域活动性地质构造图等。

4.5.3 图名

图名的主要功能是为读图者提供地图的区域和主题的信息。表示统计内容的地图，还必须提供清晰的时间概念。图名要尽可能简练、确切。组成图名的三个要素（区域、主题、时间）如已经以其他形式作了明确表示，则可以酌情省略其中的某一部分。例如，在区域性地图集中，具体图幅的区域名可以不用。图名是展示地图主题最直观的形式，应当突出、醒目。它作为图面整体设计的组成部分，还可看成是一种图形，可以帮助取得更好的整体平衡。一般可放在图廓外的北上方，或图廓内以横排或竖排的形式放在左上、右上的位置。图廓内的图名，可以是嵌入式的，也可以直接压盖在图面上，这时应处理好与下层注记或图形符号的关系，如图 4-20 所示。

4.5.4 图例

图例应尽可能集中在一起。虽然经常都被置于图面中不显著的某一角，但这并不降低图例的重要性。为避免图例内容与图面内容的混淆，被图例压盖的主图应当镂空。只有当图例符号的数量很大，集中安置会影响主图的表示及整体效果时，才可将图例分成几部分，并按读图习惯，从左到右有序排列。对图例的位置、大小、图例符号的排列方式、密度、注记字体等的调节，还会对图面配置的合理与平衡起重要作用，如图 4-21 所示。

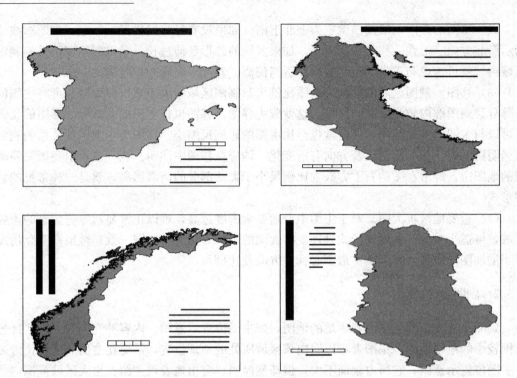

图 4-20　图名位置的安排图

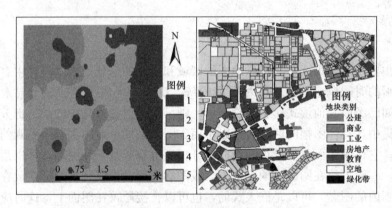

图 4-21　图例位置的安排图

4.5.5　比例尺

　　地图的比例尺一般被安置在图名或图例的下方。地图上的比例尺，以直线比例尺的形式最为有效、实用。但在一些区域范围大、实际的比例尺已经很小的情况下，如一些表示世界或全国的专题地图，甚至可以将比例尺省略。因为，这时地图所要表达的主要是专题要素的宏观分布规律，各地域的实际距离等已经没有多少价值，更不需要进行什么距离方面的量算。放置了比例尺，反而有可能会得出不切实际的结论。

4.5.6 统计图表与文字说明

统计图表与文字说明是对主题的概括与补充比较有效的形式。由于其形式（包括外形、大小、色彩）多样，能充实地图主题、活跃版面，因此有利于增强视觉平衡效果。统计图表与文字说明在图面组成中只占次要地位，数量不可过多，所占幅面不宜太大。对单幅地图更应如此。

4.5.7 图廓

单幅地图一般都以图框作为制图的区域范围。挂图的外图廓形状比较复杂。桌面用图的图廓都比较简练，有的就以两根内细外粗的平行黑线显示内外图廓。有的在图廓上表示有经纬度分划注记，有的为检索而设置了纵横方格的刻度分划。

4.6 可视化表现形式

4.6.1 等值线显示

等值线又称等量线，表示在相当范围内连续分布而且数量逐渐变化的现象的数量特征。用连接各等值点的平滑曲线来表示制图对象的数量差异，如等高线、等深线、等温线、等磁线等，如图 4-22 所示。

等高线是表示地面起伏形态的一种等值线。它是把地面上高程相等的各相邻点所连成的闭合曲线，垂直投影在平面上的图形。一组等高线可以显示地面的高低起伏形态和实际高度，根据等高线的疏密和图形，可以判断地形特征和斜坡坡度。

用等高线法表示地形，总体来说立体感还是较差的。因此对等高线图形的立体

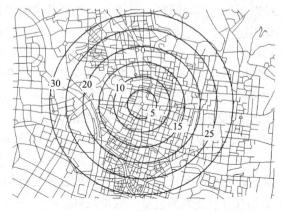

图 4-22 交通为五分钟的交通等距线图

显示方法研究一直在不断地进行，明暗等高线法是其中的一种。明暗等高线法是使每一条等高线因受光位置不同而绘以黑色或白色，以加强其立体感。还有粗细等高线法，它是将背光面的等高线加粗，向光面绘成细线，以增强立体效果，如图 4-23 所示。

等值线的应用相当广泛，除常见的等高线、等温线以外，还可表示制图现象在一定时间内数值变化的等数值变化线（如年磁偏角变化线、地下水位变化线）、等速度变化线、表示现象位置移动的等位移线（如气团位移、海底抬升或下降）、表示现象起止时间的等时间线（如霜期、植物开花期）等。

4.6.2 分层设色显示

分层设色法是在等高线的基础上根据地图的用途、比例尺和区域特征，将等高线划分一些层级，并在每一层级的面积内绘上不同颜色，以色相、色调的差异表示地势高低的方

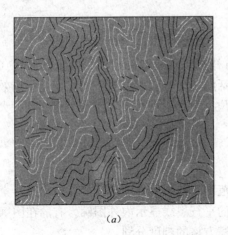
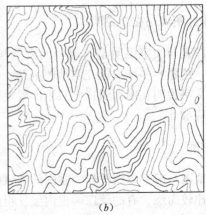

（*a*） （*b*）

图 4-23　等高线图

（*a*）明暗等高线图；（*b*）粗细等高线图

法。这种方法加强了高程分布的直观印象，更容易判读地势状况，特别是有了色彩的正确配合，使地图具有了一定的立体感。

设色有单色和多色两种。单色是利用色调变化表示地形的高低，现在已经很少采用。多色是利用不同色相和色调深浅表示地形的高低。设色时要考虑地形表示的直观性、连续性以及自然感等原则。要求每一色层准确地代表一个高程带，各色层之间要有差别，但变化不能过于突然和跳跃，以便反映地表形态的整体感和连续感。选色尽量和地面自然色彩相接近，各色层的颜色组合应能产生一定程度的立体感。色相变化视觉效果显著，用以表示不同的地形类别，每类地形中再以色调的变化来显示内部差异。如，平原用绿色，丘陵用黄色，山地用褐色；在平原中又以深绿、绿、和浅绿等 3 种浓淡不同的绿色调显示平原上的高度变化。色相变化也采用相邻色，以避免造成高度突然变化的感觉。

目前普遍采用的色层是绿褐色系。陆地部分由平原到山地为：深绿—绿—浅绿—浅黄—黄—深黄—浅褐—褐—深褐；高山（5000m 以上）为白色或紫色；海洋部分采用浅蓝到深蓝，海水愈深，色调愈浓。这种设色使色相色调相结合，层次丰富，具有一定象征性意义和符合自然界的色彩，效果较好，如图 4-24 所示。

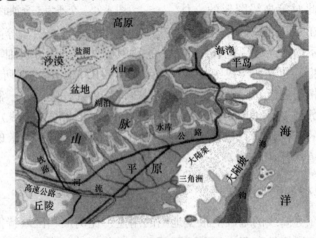

图 4-24　分层设色图

4.6.3 地形晕渲显示

晕渲法也叫阴影法，是用深浅不同的色调表示地形起伏形态，如图4-25所示。晕渲法
的基本思想是：一切物体只有在光的作用下才能产生阴
影，才显现得更清楚，才有立体感。

1. 按光源的位置分斜照晕渲、直照晕渲和综合光
照晕渲

由于光源位置不同，照射到物体上所产生的阴影
也不同，其立体效果也就不同。晕渲法通常假定把光
源固定在两个方向上，一为西北方向俯角45°；另一
为正上方与地面垂直。前者称为斜照晕渲，后者称为
直照晕渲。当山脉走向恰与光源照射方向一致时，或
其他不利显示山形立体效果时，则适当的调整光源位
置，这种称为综合光照晕渲。它们的光影特点，如图
4-26所示。

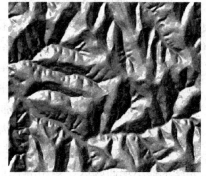

图4-25　由DEM产生的地面晕渲图

斜照晕渲的立体感很强，明暗对比明显，与日常生活中自然光和灯光照射到物体上所
形成的阴影相似。光的斜照使地形各部位分为迎光面、背光面和地平面3部分。

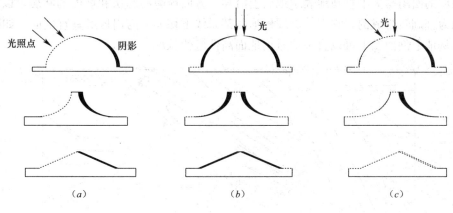

图4-26　三种不同光源的光影
(a) 斜照；(b) 直照；(c) 综合光照

斜照光下，每一地点的明暗又因其坡度与坡向而有所不同，且山体的阴影又互相影
响，改变其原有的明暗程度，使阴影有浓淡强弱之分。斜照晕渲的光影变化十分复杂，但
也有一定的规律，即：迎光面愈陡愈明，背光面愈陡愈暗，明暗随坡向而改变，平地也有
淡影三分。斜照光下，物体的阴影随其主体与细部不同而不同。主体阴影十分重要，它可
以突出山体总的形态和基本走向，使之脉络分明，有利于增强立体效果。

斜照晕渲立体感强，山形结构明显，所以多为各种地图采用。其缺点是无法对比坡
度，背光面阴影较重，影响图上其他要素的表示。

直照晕渲又叫坡度晕渲。光线垂直照射地面后，地表的明暗随坡度不同而改变。平地
受光量最大，因而最明亮。直照晕渲能明显地反映出地面坡度的变化。其缺点是立体感较

差，只适合于表示起伏不大的丘陵地区。

综合光照晕渲是斜照晕渲与直照晕渲的综合运用。或以斜照晕渲为主，或以直照晕渲为主，另一种来补充。它具备了两种晕渲的优点，弥补了两者的不足。

2. 按色调分墨渲和彩色晕渲

墨渲是用黑墨色的浓淡变化来反映光影的明暗。由于墨色层次丰富，复制效果好，应用广泛。印刷时用单一的黑色作晕渲色的很少，印成青灰、棕灰、绿灰者居多。

彩色晕渲又分为双色晕渲、自然色晕渲等。双色晕渲，常见的有阳坡面用明色或暖色，阴坡面用暗色或寒色，高地用暖色，低地用寒色，或制图主区用近感色，邻区用远感色等。主要是利用冷暖色对比加强立体感或突出主题。这种方法效果好，常被用于一些精致的地图上。自然色晕渲是模仿大自然表面的色调变化，结合阴影的明暗绘成晕渲图。这种方法主要是把地面色谱的规律与晕渲法的光照规律结合起来，用各种颜色及它们的不同亮度来显示地面起伏。如用绿色调为主晕染开发的平原，以棕黄色调为主晕染高原和荒漠，山区则有黄、棕、青、灰等色的变化，再加以明暗的区别，可构成色彩十分丰富的图面。

4.6.4　剖面显示

剖面是指地面沿某一方向的垂直截面（或断面），它包含地形剖面图和地质剖面图等。

地形剖面图是为了直观地表示地面上沿某一方向地势的起伏和坡度的陡缓，以等高线地形图为基础转绘成的。它沿等高线地形图某条线下切而显露出地形垂直剖面，如图 4-27 所示。从地形剖面图上可以直观地看出地面高低起伏状况。

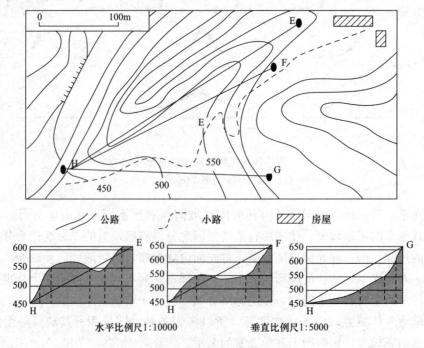

图 4-27　地形剖面图

地质剖面图是用来显示地质构造的一种特殊地形图，如图 4-28 所示。

图 4-28　地质剖面图

4.6.5　专题地图显示

专题地图，是在地理底图上，按照地图主题的要求，突出面完善地表示与主题相关的一种或几种要素，使地图内容专题化、形式各异、用途专门化的地图。

专题地图具有下列 3 个特点：

（1）专题地图只将一种或几种与主题相关联的要素特别完备而详细地显示，而其他要素的显示则较为概略，甚至不予显示。

（2）专题地图的内容广泛，主题多样，在自然界与人类社会中，除了那些在地表上能见到的和能进行测量的自然现象或人文现象外，还有那些往往不能见到的或不能直接测量的自然现象或人文现象均可以作为专题地图的内容。

（3）专题地图不仅可以表示现象的现状及其分布，而且能表示现象的动态变化和发展规律。

专题地图按照表现方式来分主要有以下几种：

（1）点位符号法：用点状符号反映点状分布要素的位置、类别、数量或等级。如图 4-29 所示，为使用点状符号反映要素分布的专题地图，（a）中用点的密度来表示各城市人口数量，（b）使用分级符号来表现各城市人口数量。

图例

· 每点代表2000人

（a）

图 4-29　使用点位符号法的专题地图（一）

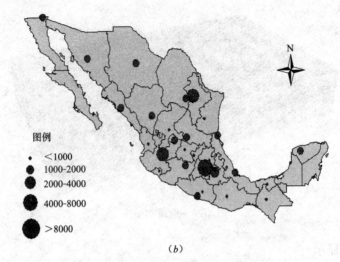

（b）

图 4-29　使用点位符号法的专题地图（二）

（2）定位图表法：在要素分布的点位上绘制成的统计图表，表示其数量特征及结构。常用的图表有两种，一种是方向数量图表；另一种是时间数量图表。

（3）线状符号法：用线状符号表示呈线状、带状分布要素的位置、类别或等级。如河流、海岸线、交通线、地质构造线、山脊线等，图 4-30 中表示某交叉道口地下煤气管线不同级别的分布状况及其流向。

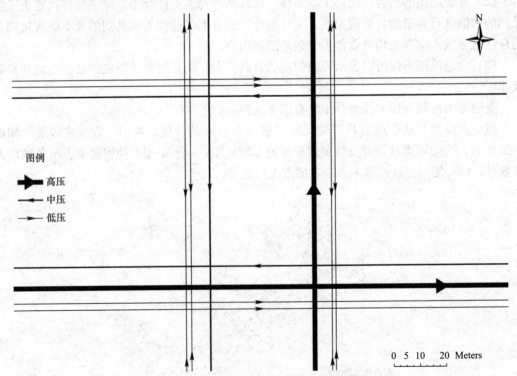

图 4-30　使用线状符号法的专题地图

（4）动态符号法：在线状符号上加绘箭头符号，表示运动方向。还可以用线条的宽窄表示数量的差异，也可以用连续的动线符号表示面状分布现象的动态。

（5）面状分布要素表示法：面状符号表示成片分布的地理事物。如图 4-31 所示，表现了某地区土地利用现状分布情况。

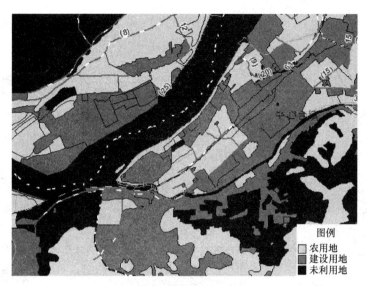

图 4-31　使用面状符号法的专题地图

此外，在专题地图上还常使用柱状图表、剖面图表、玫瑰图表、塔形图表、三角形图表等多种统计图表，作为地图的补充。上述各种方法，经常是配合应用的。

如图 4-32 所示，为使用饼图来表示辽宁各市某矿产四种储量的比例。

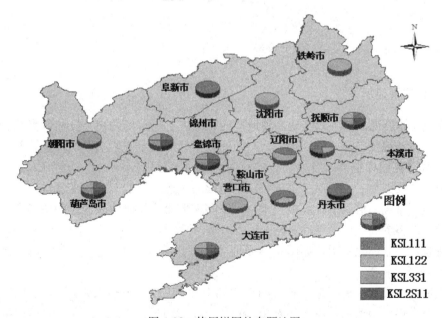

图 4-32　使用饼图的专题地图

专题地图按照其内容要素的不同性质，可以划分为自然地图、社会政治经济地图等。

（1）自然地图包括如地质图、地球物理图、地震图、地势图、地貌图、气候气象图、水文图、海洋图、环境图、植被图、土壤图和综合自然地理图等。

（2）社会政治经济地图包括如政治行政区划图、交通图、人口图、经济地图、文化建设图、历史地图、旅游地图等，如图 4-33 所示。

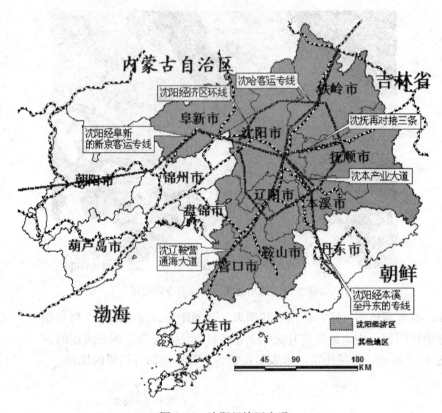

图 4-33　沈阳经济区交通

4.6.6　立体透视显示

GIS 的立体透视显示可以实现多种地形的三维表达，常用的包括立体等高线图、线框透视图、立体透视图以及各种地形模型与图像数据叠加而形成的地形景观，等等。

1. 立体等高线模型

平面等高线图在二维平面上实现了三维地形的表达，但地形起伏需要进行判读，虽具有量测性但不直观。借助于计算机技术，可以实现平面等高线构成的空间图形在平面上的立体体现，即将等高线作为空间直角坐标系中的函数 $H = f(x, y)$ 的空间图形，投影到平面上所获得的立体效果图，如图 4-34 所示。

2. 线框透视模型

线框透视图或线框模型是计算机图形学和 CAD/CAM 领域中较早用来表示三维对象的模型，至今仍广为运用，流行的 CAD 软件、GIS 软件等都支持三维对象的线框透视图建立。线框模型是三维对象的轮廓描述，用顶点和邻边来表示三维对象，其优点是结构简单、易于理解、数据量少、建模速度快。缺点是线框模型没有面和体的特征、表面轮廓线将随着视线方向的变化而变化、由于不是连续的几何信息因而不能明确地定义给定点与对象之间的关系（如点在形体内、外等），如图 4-35 所示。

（*a*）　　　　　　　　　　　　　　　　　　　（*b*）

图 4-34　平面等高线图与立体等高线图

（*a*）平面等高线图；（*b*）立体等高线图

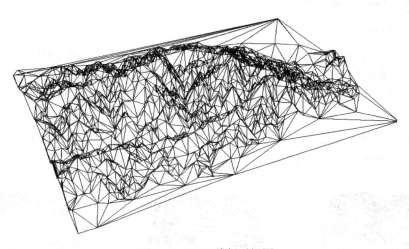

图 4-35　DEM 线框透视图

3. 地形三维表面模型

如前所述，三维线框透视图是通过点和线来建立三维对象的立体模型，仅提供可视化效果而无法进行有关的分析。地形三维表面模型是在三维线框模型基础上，通过增加有关的面、表面特征、边的连接方向等信息，实现对三维表面的以面为基础的定义和描述，从而可满足面面求交、线面消除、明暗色彩图等应用的需求。简言之，三维表面模型是用有向边所围成的面域来定义形体表面，由面的集合来定义形体。

若把数字高程模型的每个单元看作是一个个面域，可实现地形表面的三维可视化表达，表达形式可以是不渲染的线框图，也可采用光照模型进行光照模拟，同时也可叠加各种地物信息，以及与遥感影像等数据叠加形成更加逼真的地形三维景观模型，如图 4-36 所示。

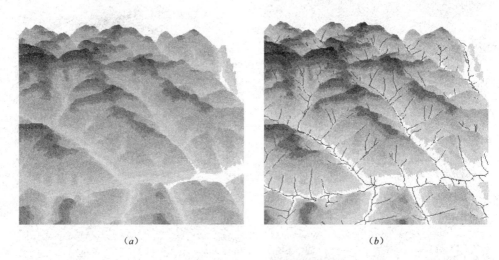

(a) (b)

图 4-36　地形三维景观模型图

(a) 三维模型；(b) 叠加河流后的三维模型

4.6.7　空间信息的三维建模

1. LOD 模型

所谓 LOD（Levels of Detail，LOD）模型，是指对同一个场景中的物体采用具有不同细节水平（或称精细程度）的一系列模型。它广泛使用于控制场景的复杂程度并加速三维复杂场景的实时可视化描绘中。其类似于栅格影像数据处理中的多分辨率概念，即影像金字塔。

LOD 技术是指计算机在生成视景时，根据该物体所在位置离视点距离的大小，分别调入详细程度不同的模型参与视景的生成，如图 4-37 所示。其实现方法如下：

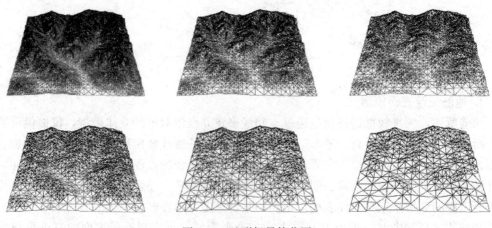

图 4-37　地形场景简化图

（1）为物体建造一组详细程度不同的模型

利用模型的简化方法或工具，对目标进行简化分级，形成一组详细程度有别的 LOD（为便于描述，以下引进 LOD 的概念进行说明）数据模型。将一组 LOD 模型根据细节的详细程度从多到少进行排序，并用序列号（1，2，…，n）给以标识，如图 4-38所示。

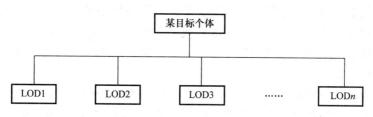

图 4-38　某物体一组详细程度不同的数据模型图

（2）立体模型与视距间的关系约定

通过计算视点与目标点间的距离求出目标的视距，为每一个被观察目标建立一组有关视距的阈值，用阈值把视距划分为不同的视距段。在选择 LOD 模型参与视景生成的计算时，首先判断目标的当前视距处于哪个视距段，再找到该视距段所对应的该目标 LOD 数据模型的标识号，调用标识号所指向的 LOD 模型来代表该目标参与视景生成。还可以在最近和最远处增设两个视距段，当视距小于最近视距段或大于最远的视距段时，认为该目标处于不可见位置。

2. 多分辨率建模方法

根据不同细节层次建模需要，可以分别采用以下不同的数据源和建模策略重建三维场景模型。

（1）根据 DEM 重建逼真的地形表面形态，通过叠加正射影像数据生成真实感很强的虚拟景观。

（2）直接使用 CAD、3DMAX 等设计数据，逼真表示规划设计成果的精细结构和材质特征。这种方法可以达到较高水平的细节程度，不仅能表示目标外观，而且还能充分展现目标的内部形态。

（3）利用摄影测量、激光扫描或其他地面测量手段采集的三维编码数据和实际影像纹理逼真表示建筑景观的现状。该方法一般不表示实体内部特征，根据不同分辨率的图像可以达到各种细节水平，广泛用于大范围场景模型的快速重建。

（4）根据建筑物的底部边界线（传统的二维轮廓线数据，如 GIS 中的 DLG）和相应的高度属性进行三维重建，表面纹理则可以采用纹理材质数据库中的简单数据直接生成，该方法主要用于表现较低细节水平的景观轮廓特征。

基于上述不同细节层次模型的混合表示，便可以满足多尺度表示的需要。因此，可以从远处纵观整个地区的概貌，也可以深入一条街道、甚至一幢建筑物内部明了其周围的细部特征。摄影测量与遥感方法便于大范围三维模型的快速重建，但不便实现"真三维"，难以进入建筑物内部，重建复杂三维模型的能力尚且不足，还需运用更多的计算机图形学知识，亟待 CAD 技术的强力支持。而基于各种距离的三维激光扫描得到的离散点数据建立各种复杂的表面模型正成为多分辨率建模的主要研究方向之一。

3. CAD 与三维 GIS 的集成

城市规划、建筑设计等领域广泛应用着基于 CAD 的三维建模与编辑方法。将这种方法产生的三维模型数据纳入 GIS、实现 CAD 数据与 GIS 数据的集成有 2 个重要意义：

（1）城市规划、建筑设计普遍采用 CAD 生产，CAD 数据广泛可得。

（2）CAD 在三维模型创建与编辑上具有独特的技术优势，一些复杂而难于创建、但很实用的地物模型（如城市中的艺术建筑、交通导航所使用的航标等）利用 CAD 系统创建和编辑往往比较方便。因此，三维 GIS 的成功应用迫切需要与 CAD 进行有机的集成。

基于计算机图形学对三维形体的绘制与渲染方法，以下 2 种数据模型在 CAD 系统中具有较广泛的代表性：

（1）结构实体几何模型（CSG）：此模型在 CAD 领域中的应用最为广泛。其基本思想是：将预先定义好的简单形体（通常称为体元或体素，如立方体、球、圆柱、圆锥等）通过正则的集合运算（并、交、差）和刚体几何变换（平移、旋转）形成一有序的二叉树（称 CSG 树），以此表示复杂的几何形体。

（2）边界表达模型（BR）：理论上能够建立较大区域范围内的三维模型。

当然，不同的数据模型与数据结构各有其优点和不足，采用单一的数据模型难于对各种类型的空间实体进行有效的描述，不同模型之间的结合被认为是必要和实用的方法。因此，一个 CAD 系统往往利用了几种不同的数据模型，通过对几种数据模型的组合与集成化应用，CAD 系统基本上能够构造各种各样的几何对象，能对这些对象进行方便的交互式操作（编辑、修改、重绘），同时还能对模型数据进行有效的管理。

CAD 系统中数据模型的选取与构造，目的只是为了交互操作（模型创建与编辑）的方便性，很少注意到对象之间的拓扑关系，但在 GIS 中这无疑是一个欠缺。更重要的是在 GIS 中的几何对象需要同时具备几何属性和语义属性，但 CAD 模型几乎不具备语义属性。另一方面，CAD 系统一般只需考虑单个模型的空间表达，追求模型在视觉上的逼真与美观，不必关心其数据量。在 GIS 中需要大量的三维几何模型，如不加以一定的优化和简化处理，就会带来许多问题，如数据的调度与管理、重绘刷新速度与浏览平滑度等。

4.6.8 三维景观显示

1. 基于纹理映射技术的地形三维景观

真实地物表面存在着丰富的纹理细节，人们正是依据这些纹理细节来区别各种具有相同形状的景物。因此，景物表面纹理细节的模拟在真实感图形生成技术中起着非常重要的作用，一般将景物表面纹理细节的模拟称为纹理映射技术。

纹理映射技术的本质是：选择与 DEM 同样地区的纹理影像数据，将该纹理"贴"在通过 DEM 所建立的三维地形模型上，从而形成既具有立体感又具有真实性、信息含量丰富的三维立体景观。以扫描数字化地形图作为纹理图像，依据地形图和 DEM 数据建立纹理空间、景物空间和图像空间三者之间的映射关系，可以依据真实感图形绘制的基本理论生成以地形要素地图符号为表面纹理的三维地形景观。

2. 基于遥感影像的地形三维景观

各类遥感影像数据（航空、航天、雷达等）记录了地形表面丰富的地物信息，是地形景观模型建立主要的纹理库。

　　基于航摄相片生成地形三维景观图的基本原理是：在获取区域内的 DEM 的基础上，在数字化航摄图像上按一定的点位分布要求选取一定数量（通常大于 6 个）的明显特征点，量测其影像坐标的精确值以及在地面的精确位置，据此按航摄相片的成像原理和有关公式确定数字航摄图像和相应地面之间的映射关系，解算出变换参数。同时，利用生成的三维地形图的透视变换原理，确定纹理图像（航摄相片）与地形立体图之间的映射关系。DEM 数据细分后的每一地面点可依透视变换参数确定其在航摄相片图像中的位置，经重新采样后获得其影像灰度，最后经透视变换、消隐、灰度转换等处理，将结果显示在计算机屏幕上，生成一幅以真实影像纹理构成的三维地形景观，如图 4-39 所示。

图 4-39　（航空）正射影像＋DEM 图

　　基于卫星影像数据（卫片）的处理方法与航摄相片的方法基本相同，如图 4-40 所示。不同的是由于不同遥感影像数据获取的传感器不同，其构像方程、内外方位元素也各异，需要针对相应的遥感图像建立相应的投影映射关系。

图 4-40　（卫片）正射影像＋DEM 图

　　需要说明的是，对大多数工程而言，用于建立地形逼真显示的影像数据只有航空影像最合适。因为一般地面摄影由于种地物的相互遮挡，影像信息不全，地面重建受视点的严格限制；而卫星影像由于比例尺太小，各种微小起伏和较小的地物影像不清楚，仅适合于小比例尺的地面重建。航空影像具有精度均匀、信息完备、分辨率适中等特点，因而特别适合于一般大比例尺的地面重建。

3. 基于地物叠加的地形三维景观

将图像的纹理叠加在地形的表面，虽然可以增加地形显示的真实性，但若是能够在DEM模型上叠加地形表面的各种人工和自然地物，如公路、河流、桥梁、地面建筑等，则更能逼真地反映地表的实际情况，而且这样生成的地形环境还能进行空间信息查询和管理。

对于这些复杂的人工和自然地物的三维造型，可利用现有的许多商用地形可视化系统（如 MultiGen）开发的专门进行三维造型的生成器 Creator，可先由该三维造型生成器生成各种地物，然后再贴在地形的表面；另外还可利用现有的三维造型工具（如 3DMax）来塑造三维实体地物，然后再导入到地形可视化系统中；对于简单的建筑物，可以将其多边形先用三角剖分方法进行剖分，然后将其拉伸到一定的高度，就形成三维实体；而对于河流、道路、湖泊等地表地物，由于存在多边形的拓扑关系，如湖中有岛，这时的三角形剖分就要复杂得多，但约束 Delaunay 三角形可以保证在三角形剖分过程中，将河流或湖泊中的岛保留，同时还能保留了多边形的边界线，以及保证剖分后的三角形具有良好的数学性质（不出现狭长的三角形）。

4.6.9　虚拟现实技术

虚拟现实（Virtual Reality，VR）是计算机产生的集视觉、听觉、触觉等为一体的三维虚拟环境，用户借助特定装备（如数据手套、头盔等）以自然方式与虚拟环境交互作用、相互影响，从而获得与真实世界等同的感受以及在现实世界中难以经历的体验。随着三维信息的可得和计算机图形学技术的发展，地理信息三维表示不仅追求普通屏幕上通过透视投影展示的真实感图形，而且具有强烈沉浸感的虚拟现实真立体展示日益成为主流技术之一。

VR 基本特征包括多感知性（Multi-perception）、自主性（Autonomy）、交互性（Interaction）和临场性（Presentation）。自主性指 VR 中的物体应具备根据物理定律动作的能力，如受重力作用的物体下落；交互性指对 VR 内物体的互操作程度和从中得到反馈的程度。用户与虚拟环境相互作用、相互影响，当人用手抓住物体时，则手有握住物体的感觉并可感受到物体的重量，而物体能随着手的移动而移动。现在一般把交互性（Interaction）、沉浸感（Immersion）和想象力（Imagination）称为"3I"，并将它作为一个虚拟现实系统的基本特征。

生成 VR 的方法技术简称 VR 技术。VR 技术强调身临其境感或沉浸感，其实质在于强调 VR 系统对介入者的刺激在物理上和认知上符合人长期生活所积累的体验和理解。

VR 技术正日益成为三维空间数据可视化通用的工具。VR 系统把地理空间数据组织成一组有结构、有组织的具有三维几何空间的有序数据，使得 VR 世界成为一个有坐标、有地方、有三维空间的世界，从而与现实世界中可感知、可触摸的三维世界相对应。

VR 建立了真三维的景观描述的、可实时交互作用、能进行空间信息分析的空间信息系统。用户可以在三维环境里穿行，观察新规划的建筑物并领会其在地形景观中的变化。

VR 技术通过营造拟人化的多维空间，使用户更有效、更充分的运用 GIS 来分析地理信息，开发更高层的 GIS 功能。

虚拟现实技术与多维海量空间数据库管理系统结合起来，直接对多维、多源、多尺度的海量空间数据进行虚拟显示，建立具有真三维景观描述的、可实时交互设计、能进行空间分析和查询的虚拟现实系统，是今后虚拟现实系统的一个重要发展方向。虚拟场景与真实场景的真实感融合技术——增强现实技术也正在日益成为 GIS 与 VR 集成的重要方向。基于 GIS 信息融合技术、GPS 动态定位技术以及其他实时图像获取与处理技术，便可以有机地将眼前看到的实景与计算机中的虚景融合起来，这将使空间数据的更新方式和服务方式发生革命性的变化。

4.6.10　三维动态漫游

三维景观的显示属于静态可视化范畴，在实际工作中，对于一个较大的区域或者一条较长的路线，有时既需要把握局部地形的详细特征，又需要观察较大的范围，以获取地形的全貌。一个较好的解决方案就是使用计算机动画技术，使得观察者能够畅游于地形环境中，从而从整体和局部两个方面了解地形环境。

为了形成动画，就要事先生成一组连续的图形序列，并将图像存储于计算机中。将事先生成的一系列图像存储在一个隔离缓冲区，通过翻页建立动画；图形阵列动画即位组块传送，每幅画面只是全屏幕图像的一个矩形块，显示每幅画面只操作一小部分屏幕，较节省内存，可获得较快的运行时间性能。

对于地形场景而言，不但有 DEM 数据，还有纹理数据，以及各种地物模型数据，数据量都比较庞大。而目前计算机的存储容量有限，因此，为了获得理想的视觉效果和计算机处理速度，使用一定的技术对地形场景的各种模型进行管理和调度就显得非常重要，这类技术主要有单元分割法、细节层次法（LOD）、脱线预计算以及内存管理技术等，通过这些技术实现对模型的有效管理，从而保证视觉效果的连续性。

思考题

1. 简述空间信息可视化的概念与形式。
2. GIS 输出产品有哪些，各自有什么优缺点？
3. 简述城市空间实体的计算机描述方式。
4. 简述地图图面配置的方法与内容。
5. 简述制图内容的一般安排过程。
6. 简述地图符号在 GIS 可视化中的作用与意义。
7. 简述实现城市空间实体在计算机中进行可视化表现的方法和技术。

第5章　数字化城市管理

5.1　数字城市

5.1.1　数字城市的概念

"数字城市"是一个新兴的和非常广义的概念，它是"数字地球"的一个组成部分，可以看作是一个系统工程或发展战略，但不能看作是一个项目或一个系统。它可能包括了很多系统，但是要对它下一个确切的定义是很难的，也难以界定哪些是属于数字城市的内容，到了什么样的信息化水平可以看作是实现了数字城市。但它并不是一个虚拟的东西，也不是一个可望而不可及的东西，它是一个在未来城市建设和城市生活中随处可见、随时可用、无处不在的"系统"。"数字城市"是一个城市发展的战略目标，并有一个逐渐发展的过程，而且在发展过程中将会对城市建设、市民生活、经济发展逐渐带来效益和方便。"数字城市"的概念分为广义和狭义的2种。

广义的"数字城市"概念：城市信息化。是指通过建设宽带多媒体信息网络、地理信息系统等基础设施平台，整合城市信息资源，实现城市经济信息化，建立城市电子政府、电子商务企业、电子社区；并通过发展信息家电、远程教育、网上医疗、建立信息化社区。

狭义的"数字城市"概念：利用"数字城市"理论，结合3S（地理信息系统GIS、全球定位系统GPS、遥感系统RS）等关键技术，深入开发和应用空间信息资源，建立服务于城市规划、城市建设和管理，服务于政府、企业、公众，服务于人口、资源环境、经济社会的可持续化发展的信息基础设施和基础系统。其本质就是建立空间信息基础设施并在此基础上深度开发和整合应用各种信息资源。

5.1.2　数字城市的发展

1998年1月，美国副总统戈尔在加利福尼亚科学中心举行的开放地理信息系统协会上，发表了题为《数字地球：21世纪认识地球的方式》的报告。他在报告中指出，应在三维地球的数字框架上，按照地理坐标集成有关的海量空间数据及相关信息，构建一个数字化的地球，即"数字地球"，为人们认识、改造和保护地球提供一种重要的信息资源和新技术手段。

数字地球是遥感、遥测、数据库与地理信息系统、全球定位系统、互联网络——万维网、仿真与虚拟技术等现代科技的高度综合集成和升华，是当今科技发展的制高点。

"数字城市"是综合运用GIS、遥感、遥测、宽带网络、多媒体及虚拟仿真等技术，对城市的基础设施、功能机制进行信息自动采集、动态监测管理和辅助决策服务的技术系统；它具有城市地理、资源、生态环境、人口、经济、社会等复杂系统的数字化、网络化、虚拟仿真、优化决策支持和可视化表现等强大功能。由此可见，"数字城市"是一个集数字化、网络化和信息化等多种高新技术为一体的现代化计算机管理和应用系统，是"数字地球"建设的一个重要区域层次。它不仅能在计算机上建立虚拟城市，再现全市的各种资源分布状态，更为重要的是，它可以在对各类信息进行专题分析的基础上，通过各种信息的交流、融合和挖掘，促进全市不同部门、不同层次之间的信息共享、交流和综合，进而对全市的所有信息进行整体的综合处理和研究，为全市各种资源在空间上的优化配置、在时间上的合理利用，宏观、全局地制定城市整体规划和发展战略，减少资源浪费和功能重叠，实现可持续发展提供科学决策的现代化工具。

通过"数字城市"建设，不仅可以提供城市统一的基础信息平台，实现城市各类信息的可视化查询、显示和输出，而且可以满足城市各政府职能部门的日常办公及其专业应用需求，实现城市各部门之间的信息共享、交流和合作，并能为市政府对城市的整体规划、设计、建设、管理和服务等提供综合决策的现代化工具和手段。此外，数字城市工程建设，还对改善城市的投资环境、创造新的经济增长点等具有重大的推动作用，是展示城市传统文化和旅游资源、树立现代化都市形象、扩大对外开放的重要窗口。

数字城市与城市精细化管理。随着城市建设的飞速发展变化，城市管理日趋复杂化，现代城市管理需要改变粗放式管理的传统方法，向精细化管理发展。现代城市管理要求管理者、决策者更多地运用数据，进行数字化管理，而不是主观臆断。城市管理数字化是现代城市管理的重要特征，从 20 世纪 80 年代，发达国家已较普遍地将信息和网络技术作为现代城市管理的重要手段。

"数字城市"不是一个纯技术的概念，它同时也意味着城市管理和规划体制的一次大变革。"数字城市"为认识物质城市打开了新的视野，并提供了全新的城市建设和管理的调控手段，数字城市无疑将为调控城市、预测城市、监管城市提供革命性的手段，对传统方法是一个巨大的挑战。同时，这种手段是一种可持续、适应城市变化的手段，从而为城市可持续发展的改善和调控提供了有力的工具。

"数字城市"的涵义是异常广泛的，从广义上说，所有的城市信息化都可属于数字城市的范畴，从这个意义上讲，"数字城市"的发展是一个循序渐进的过程，它是一个目标而非一个工程。

现阶段，我国很多城市已接近中等发达国家，经济上具备了发展的能力；同时，加快城市化进程，进行现代化管理，也在客观上提出了要求。随着城市的快速发展，传统的管理方式已经不能满足需求，并制约了城市的发展进程。主要是信息不及时，管理被动后置；政府管理缺位，专业管理部门职责不明、条块分割、多头管理、职能交叉；管理方式粗放，习惯于突击式、运动式管理；缺乏有效的监督和评价机制等。于是，重视和加强城市管理信息化系统建设已成为业内有识之士的共同呼声。

中国学者特别是地学界的专家认识到"数字地球"战略将是推动我国信息化建设和社会经济、资源环境可持续发展的重要武器，并于 1999 年 11 月 29 日～12 月 2 日在北京召开了首届国际"数字地球"大会。从这之后，与"数字地球"相关相似的概念层出不穷。"数字中国"、"数字省"、"数字城市"、"数字化行业"、"数字化社区"等名词充满报端和杂志，成了当前最热门的话题之一。国家测绘局在"2000 年全国局长干部会议"上明确提出，测绘局系统今后一个时期的主要任务是构建"数字中国"的基础框架；海南、湖南、山西、福建等省都已正式立项启动"数字海南"、"数字湖南"、"数字山西"、"数字福建"工程，其他省区的立项也在紧锣密鼓地筹划之中，而数字城市的立项更是如火如荼。

据报道：2000 年 5 月 13 日，中国近百名市长与百名 IT 精英企业聚首"二十一世纪数字城市论坛"，共商推动中国城市数字化进程大计。

时任中国建设部部长的俞正声在论坛开幕致辞时指出："所谓'数字城市'与'园林城市'、'生态城市'一样，是对城市发展方向的一种描述，是指数字技术、信息技术、网络技术要渗透到城市生活的各个方面。建设数字城市能够制止猖獗的违法建筑，并避免制约工程招标和房地产建设中的大量弊端。"

5.2　数字城管

5.2.1　数字城管的概念

与"数字城市"相对应，"数字城管"目前也有"广义的数字城管"和"狭义的数字城管"两个概念。"广义的数字城管"其实就是"数字城市"。"狭义的数字城管"其实是"数字城市"的一个子集，是指由住房和城乡建设部牵头，由各城市的城管局、市政局或执法局等市政城管部门具体负责，采用网络信息化技术，以针对城市基础设施和市政公用事业等范围进行综合管理和综合执法为核心的数字化系统建设，实现对城市的精细化、科学化和一体化管理。

5.2.2　我国数字城管的发展现状

我国目前主要由住房和城乡建设部推进"数字化城市管理"（简称数字城管）。具体推进工作计划是 2005～2007 年在全国 51 个城市分三批进行"数字城市"试点工作，2008 年完成试点城市系统建设并通过验收，在总结试点经验的基础上，结合实际，在全国范围内进行"数字城管"新模式的推广。住房和城乡建设部主导的数字城市试点工作是从 2005 年 7 月份开始的，一共选了三批 51 个城市（区），具体试点城市如下：

第一批试点：北京朝阳区、南京鼓楼区、杭州、深圳、成都、烟台、武汉、上海长宁区和卢湾区、扬州等 10 个城市（区）。

第二批试点：天津河西区和大港区、重庆高新区、杭州、郑州、南宁、昆明、石家庄、邯郸、常州、无锡、嘉兴、安宁、台州、诸暨、长治、晋城等 17 个城市（区）。

第三批试点：广州、哈尔滨、沈阳铁西区、重庆万州区、合肥、长沙、厦门市、海口市、乌鲁木齐、青岛、宝鸡、芜湖、铜陵、张家港、昆山、松原、白山、珲春、吴江、临沂、黄山、淮北、兴平、白银等 24 个城市（区）。

5.2.3　数字城管的建设内容

数字城管以建设一个数字化城市管理系统，需要完成以下建设内容：

（1）管理机构设置：数字化城市管理体系的核心是管理流程再造，需要成立专门的机构负责此事。按照标准的要求，需要建立监督中心和指挥中心两个管理轴心，并于各个专业部门形成互动的工作机制。

根据城市规模的不同，可以是市、区（如北京、上海）分开的两级模式，也可以是市级集中的一级模式。

（2）信息系统开发：信息系统建设是系统建设的核心，需要软件开发商根据住房和城乡建设部的标准，结合各地的具体情况，利用数据城市、电子政务技术开发专用的信息系统，作为数字化城市管理体系的支撑，成为一个业务办公系统。

（3）基础数据建设：根据数据特点分为 3 类：空间数据、业务数据、系统支持数据。其中空间数据是系统运行的数据基础；业务数据是系统运行过程中产生的业务相关数据；系统支撑数据由构建与维护子系统和基础数据资源管理子系统配置生成，包括了业务模型信息和基础数据应用模型信息等。

（4）配套设施建设：配套设施建设包括系统运行的支撑环境，主要包括以下内容：

1）指挥中心、监督中心办公场地建设。

2）呼叫中心建设。

3）城管通手机购买。

4）网络建设。

5）系统支撑软硬件采购。

5.3 数字化城市管理新模式

住房和城乡建设部主导推进的"数字城市"试点工作，采用的是"数字化城市管理"新模式，通过建立城市信息化管理和创建新的城市管理体制，采用"万米单元网格管理法"、"城市部件管理法"、"城市事件管理法"等新方法而形成的城市管理运行的新架构。"数字城管"新模式主要包括 3 个方面。

（1）两个轴心的管理体制。通过整合政府的城市管理职能，建立城市管理监控中心、评价中心（即城市管理监督中心），同时建立指挥、调度、协调中心（即城市综合管理委员会），形成城市管理体制中的两个"轴心"，将监督职能和管理职能分开，各司其职、各负其责、相互制约，如图 5-1 所示。

根据不同城市的特点，特大城市采用市级设立一个监督指挥中心，在各城区分设"监督中心"和"指挥中心"，实行"统一接纳，统一派遣，区级受理"的模式；大中城市在市级分设"监督中心"和"指挥中心"管理机构，区级设立指挥监督中心，实行"统一接纳，分别派遣，区级受理"的模式；小城市和特大城市的区可以只设立一级的"监督中心"和"指挥中心"，实行"统一接纳、分别派遣、统一受理"的模式。监督中心和指挥中心各司其职、相互制约。具体运作流程是：城市管理巡察员发现问题，即利用配有输入网格地图的"移动城管通"（具有电话、拍照、录音、定位、同步传输等多种功能）和服务专号，向城市管理监督中心报告；监督中心即行审核、甄别、立案，并将有关案卷转到城市管理指挥中心；指挥中心即派遣有关专业人员现场处理，完成后再通过系统上报指挥中心，随之反馈给监督中心进行实地核查，直至合格结案。

（2）"万米单元网格管理法"，即运用网格地图技术，把管理区域划分为若干个 1 万 m^2 的"网格"，每个网格配备专职城管监督员进行全时段监控。

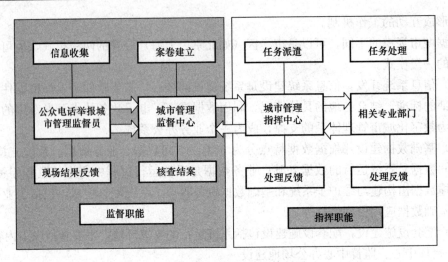

图 5-1　两个轴心的管理体制图

（3）"城市部件管理法"，就是把固定化和形式化的管理对象作为部件进行地理编码，并按照地理坐标定位到万米单元网格地图上，通过信息平台进行分类管理。

5.4　数字化城市管理的流程

5.4.1　信息收集阶段

城市管理监督员在规定的若干单元网格内巡视，发现市政管理问题后利用中国移动网络通过无线数据终端（智能手机）上报位置、图片、表单、录音等信息。

监督中心接收社会公众举报的城市管理问题，通知监督员核实，属实的问题由监督员上报。

5.4.2　案卷建立阶段

监督中心接收城市管理监督员上报的问题，立案、审核后，批转到指挥中心。

5.4.3　任务派遣阶段

指挥中心接收监督中心批转的案卷，派遣至相关专业部门处理。

5.4.4　任务处理阶段

相关专业部门按照指挥中心的指令，处理问题；将处理结果信息反馈到指挥中心。

5.4.5　处理反馈阶段

指挥中心将相关专业部门反馈的问题处理结果信息批转到监督中心。

5.4.6　核查结案阶段

监督中心利用短信等方式通知相应区域的城市管理监督员到现场对问题的处理情况进行核查，城市管理监督员通过无线终端（智能手机）上报处理核查信息；如上报的处理核查信息与指挥中心批转的问题处理信息一致，监督中心进行结案处理。

5.5　数字城管信息系统组成

在《城市市政综合监管信息系统技术规范》（CJJ/T 106—2010）中，对信息系统的组成，做了明确的划分，各个城市的信息系统建设全部参照了该规定的内容。

5.5.1　监管无线采集子系统

客户端部分安装在监管数据无线采集设备中，实现问题上报、任务接收的功能，并通过无线通信网络与监管数据无线采集子系统服务器端部分进行数据传输。主要用于实现监督员在自己的管理单元网格内巡查过程中向监督中心上报城市管理问题信息。该系统依托移动智能终端设备，通过城市部件和事件分类编码体系、地理编码体系，以彩信等方式实现对城市管理问题文本、图像、声音和位置信息的实时传递，如图5-2所示。

图 5-2　数据采集系统及使用图

5.5.2　呼叫中心受理子系统

该平台专门为城市管理监督中心设计，使用人员一般为监督中心接线员。通过信息传递服务引擎将"无线数据采集系统"报送的问题信息传递到接线员的工作平台，接线员通过系统对各类问题消息接收、处理和反馈，完成信息收集、处理和立案操作，为"协同工作子系统"提供城市管理问题的采集和立案服务，保证问题信息能及时准确地受理并传递到指挥中心，如图5-3所示。

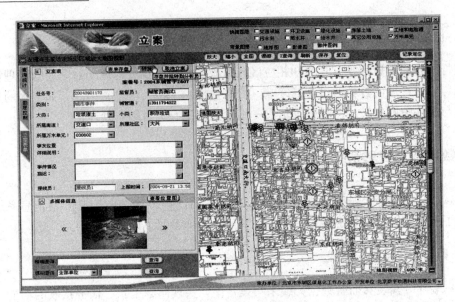

图 5-3　呼叫中心受理子系统

5.5.3　协同工作子系统

协同工作子系统是城市市政监管信息系统核心子系统,是各级领导、各个部门业务人员主要使用的子系统。

基于 Browser/Server 体系架构,采用工作流、WebGIS 技术,通过浏览器完成城市管理各项业务的具体办理和信息查询。协同工作子系统提供给监督中心、指挥中心、各个专业部门以及各级领导使用,系统提供了基于工作流的面向 GIS 的协同管理、工作处理、督察督办等方面的应用,为各类用户提供了城市管理各类信息资源共享查询工具,可以根据不同权限编辑和查询基础地理信息、地理编码信息、城市管理部件(事件)信息、监督信息等,实现协同办公、信息同步、信息交换。各级领导、监督中心、指挥中心可以方便查阅问题处理过程和处理结果,可以随时了解各个专业部门的工作状况,并对审批流程进行检查、监督、催办。系统将任务派遣、任务处理反馈、任务核查、任务结案归档等环节关联起来,实现监督中心、指挥中心、各专业管理部门和区政府之间的资源共享、协同工作和协同督办。

5.5.4　数据交换子系统

城市市政监管信息系统建设应实现与上一级市政监管信息系统的信息交换。通过数据交换子系统,可以实现不同级别市政监管系统之间市政监管问题和综合评价等信息的数据同步。例如,在区一级的监督管理部门无法协调解决的问题,应该上报给市一级的监管系统,由市级统一协调解决。

5.5.5　大屏幕监督指挥子系统

大屏幕监督指挥子系统是信息实时监控和直观展示的平台,为监督中心和指挥中心服务,该系统通过大屏幕能够直观显示城市管理相关地图信息、案卷信息和相关详细信息等全局情况，并可以直观查询显示每个社区、监督员、部件等个体的情况，实现对城市管理全局情况的总体把握，如图 5-4 所示。

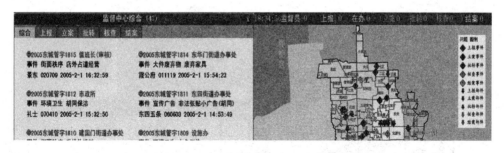

图 5-4 大屏幕监督指挥子系统界面图

5.5.6 城市管理综合评价系统

为绩效量化考核和综合评价服务，系统按照工作过程、责任主体、工作绩效、规范标准等系统内置的评价模型，对数据库群中区域、部门和岗位等信息进行综合分析、计算评估，生成以图形表现为主的评价结果。充分体现了对城市市政监管工作中所涉及的监管区域、政府部门、工作岗位动态、实时的量化管理。例如，在图中，通过环境问题的发生情况，对不同区域的脏乱情况进行评价，用不同的颜色直观显示出来。

5.5.7 地理编码子系统

为无线数据采集子系统、协同工作子系统、大屏幕监督指挥子系统等提供地理编码服务，实现地址描述、地址查询、地址匹配等功能。单元网格分四类 12 位进行编码，依次是 6 位市辖区码、2 位街道办事处（乡镇）码、2 位社区（行政村）网格码和 2 位单元网格顺序码。

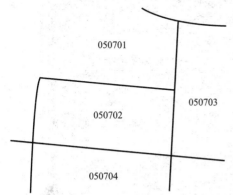

序号	级别	基本地点名称	代码
1	市	北京市	110
2	区	东城区	110 101
3	街道	和平里	110 101 10
		东四	110 101 06
4	社区	五道营	110 101 04 04
		国旺	110 101 04 05
5	单元网格	网格1	110 101 05 07 01
		网格2	110 101 05 07 02

图 5-5 地理编码子系统图

5.5.8 构建与维护子系统

由于数字化城市管理模式还在发展变化中，其运行模式、机构人员、管理范畴、管理方式、业务流程在系统运行、应用过程中须逐步调整变化。因此，迫切要求系统具有充分的适应能力，保证各类要素变化时，可以快速通过构建与维护子系统及时调整，满足管理模式发展的需要，如图 5-6 所示。

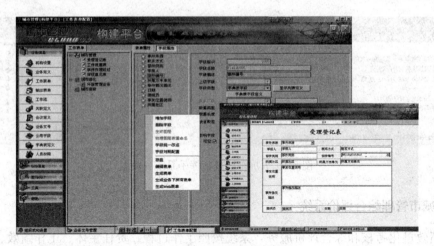

图 5-6　构建与维护子系统图

5.5.9　基础数据资源管理子系统

信息系统建设包含了各类空间数据：一方面这些数据的类型和结构各不相同；另一方面这些数据在应用过程中需要不断更新和扩展，基础数据资源管理子系统可以适应空间数据管理和数据变化要求，通过配置快速完成空间数据库维护和管理工作，如图 5-7 所示。

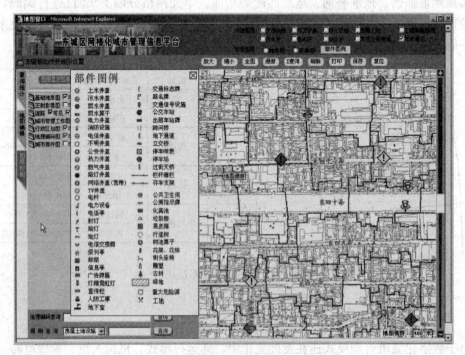

图 5-7　基础数据资源管理子系统图

5.6 数字城管的标准规范体系

为了更好地在全国推广数字化城市管理模式，住房和城乡建设部组织相关专家和机构，制定了4个技术标准和规范，并已于2005年5月通过建设部审核并正式公布，与2005年8月1日执行。包括以下内容：

《城市市政综合监管信息系统 单元网格划分与编码》（CJ/T 213—2005）：该标准规定了城市市政监管信息化中单元网格划分与编码的术语和定义、单元网格划分与编码、单元网格数据要求等技术要求。该标准适用于城市建成区范围内用于城市市政监管的单元网格划分与编码。

《城市市政综合监管信息系统 管理部件和事件分类与编码》（CJ/T 214—2005）：该标准规定了城市市政监管信息化中部件和事件分类与编码的术语和定义、城市管理部件分类与编码、城市管理事件分类与编码和归属部门代码等技术要求。经国家建设部第634号公告批准修订后的《城市市政综合监管信息系统 管理部件和事件分类、编码数据要求》CJ/124—2007为城镇建设行业产品标准，自2007年10月1日起实施。该标准更适用于全国各地区建成区范围内城市市政综合监管的部件和事件分类与编码，以规范和指导全国城市市政综合监管信息系统建设，实现资源的整合与共享，提高城市信息化水平。原《城市市政综合监管信息系统管理部件和事件分类与编码》（CJ/T 214—2005）同时废止。该标准由中国标准出版社出版发行。各试点城市（城区）可参照修订后的标准建设其数字化城市管理系统，如图5-8所示。

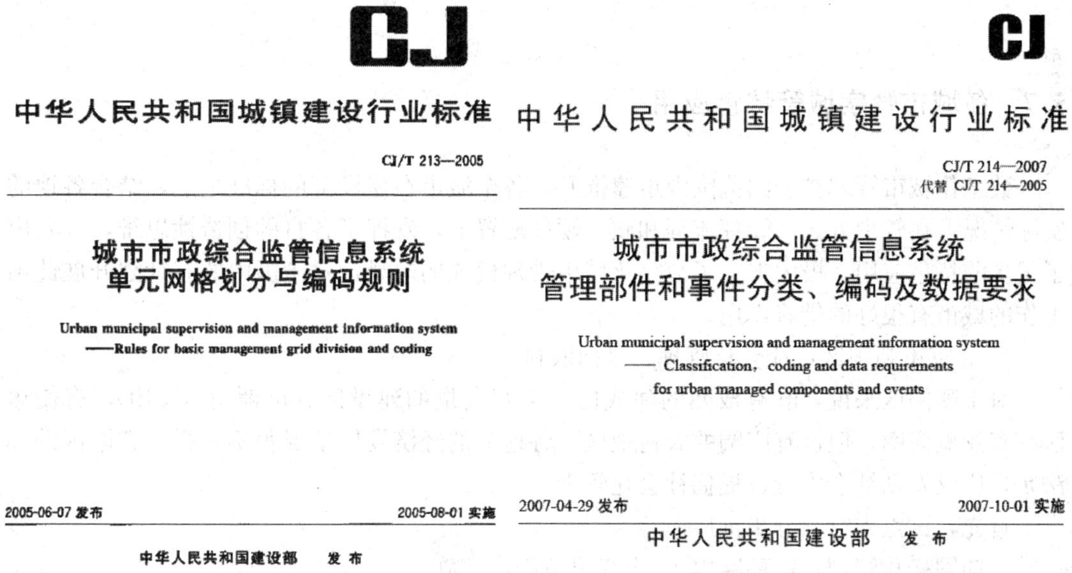

CJ

中华人民共和国城镇建设行业标准

CJ/T 213—2005

城市市政综合监管信息系统
单元网格划分与编码规则

Urban municipal supervision and management information system
——Rules for basic management grid division and coding

2005-06-07 发布　　　　　　　　2005-08-01 实施

中华人民共和国建设部　发布

CJ

中华人民共和国城镇建设行业标准

CJ/T 214—2007
代替 CJ/T 214—2005

城市市政综合监管信息系统
管理部件和事件分类、编码及数据要求

Urban municipal supervision and management information system
—— Classification，coding and data requirements
for urban managed components and events

2007-04-29 发布　　　　　　　　2007-10-01 实施

中华人民共和国建设部　发布

图 5-8　CJ/T 213—2005 与 CJ/T 214—2007 图

《城市市政综合监管信息系统 地理编码》（CJ/T 215—2005）：该标准规定了城市市政监管信息化中地理编码的术语和定义、基本规定和编码规则。该标准适用于城市建成区

范围内用于城市市政监管的地理编码。

《城市市政综合监管信息系统技术规范》（CJJ/T 106—2010）：规范城市市政监管信息系统建设、运行和维护的相关内容，指导城市市政监管信息系统的建设。规定了系统体系架构、数据内容和传输要求、系统运行环境基本要求、系统实施与系统验收、系统运行维护等内容，如图 5-9 所示。

图 5-9　CJ/T 215—2005 与 CJJ/T 106—2005

5.7　各城市数字城管特色应用

数字化城市管理在全国范围内迅速推开，各个城市在建设部的标准之上，结合各地的实际情况，在管理方式、管理流程和软、硬件配置上，发挥了各自的创造性思维，开发出了很多的特色应用，极大丰富了数字化城市管理模式的内涵，对于国内的有计划开展此项工作的城市有很好的借鉴作用。

1. 北京市朝阳区：社会化管理、推向农村

对于朝阳区来说，既有成熟的建成区，又有大量的建设区。可谓是有 CBD，有使馆区，有亚奥商圈，但也有广阔的农村地区。各地方的经济发展情况很不一样。朝阳区的办法是，广泛发动社会力量，提倡社会化管理。

首先，试点先行，分步推广。

一期网格化管理在三环路内 12 个街道范围内实施。

二期网格化管理范围包括三环路以外的城区和农村地区。城区面积 54.8km²，划分为 2524 个网格，普查了 42 万 6 千多个城市部件。朝阳区在城区推行信息化城市管理的同时，还向农村地区延伸，在 20 个地区办事处 369.8km² 范围内，全面实行网格化管理。共划分网格 3658 个，普查了 19 项城市部件、事件问题。城区主要监督道路及其可视周边部件、

事件问题以及"门前三包"单位履行责任制情况，农村地区主要监督违法建设、暴露垃圾、卫生死角、积存渣土等重点问题。

其次，以事件管理为重点，管理内容从城市环境管理拓展到社会管理，纳入对人、对单位的管理。

截至 2006 年 5 月 11 日上午，共处理问题 8.4 万余件，解决了大量的城市环境问题，破损和丢失的城市部件得到及时修补。朝阳区城市环境面貌发生了显著变化，市民满意度有了较大的提高。同时，朝阳区还对城市管理中存在的突出问题进行了深入调研，探索以建设三环路"标准化大街"为模式的长效管理机制。

第三，推进城市管理社会化，调动"门前三包"单位、保洁队、绿化队、物业公司等社会力量参与城市管理

加强社会单位履行"门前三包"责任制的意识；加强公共服务企业、物业公司履行相关法规的意识；加强社区、行政村实行协管、自管的意识，充分发挥城市环境维护主体的作用。

第四，以 96105 作为统一呼叫平台，信息化城市管理系统与政民互动系统进行对接。

2. 北京市海淀区：三心合一、集中共享

朝阳区面临的问题同样适用于海淀区。而且，由于海淀区的信息化建设已经有不错的底子，因此，不重复建设，集中、共享的愿望也就更加强烈。在这个基础上，海淀区"三中心"工程将视频指挥调度中心、城市管理监督指挥中心、行政事务呼叫中心从空间位置上进行合并，从应用功能上进行整合，形成统一的综合管理体系。实行三中心合一的方针是正确的，可以避免重复建设，节约大量的财力、人力和物力。

再有，由于海淀面积大，人口多，尤其是流动人口多，海淀并不全部通过城管员来发现问题。经过论证，海淀区决定采用视讯技术，视讯和城管员相结合，是一种有效的做法。

3. 上海市：市/区两级平台联动

上海市数字化城市管理模式采用了以市级平台建设为主线、以区级系统平台建设为重点、市区两级平台协同工作的技术体系，实现了市、区两级数字化城市管理模式。

市级平台的基础数据由上海市建委组织有关部门统一进行采集、整理、更新，根据任务量统一配置资金、人员，统一派遣、调度各部门处置问题。各管理环节之间相互衔接、相互制约、环环相扣、界面清晰，保证了责任落地，城市管理问题的发现能力和处置力度明显增强。为发挥城市管理的决策、协调和应急指挥等功能，作为上海市数字化城市管理平台体系中的龙头和枢纽，市级平台设有备用系统和转发系统，以保证整体平台体系的安全、稳定的运行。

上海市数字化城市管理平台对市级平台的数据库进行了深层次的数据挖掘，包括静态的数据和动态的数据的加工、整合、挖掘等，并预留编码给区级平台。上海市市级数字化城市管理平台还将向政府、社会企事业单位以及公众提供预报天气、重大突发事件的提示等信息服务。

2005 年 4 月，上海市"12319"城建服务热线正式开通。10 月，市级平台和卢湾、长宁两区的区级管理平台投入运行。上海市积极地将"12319"城建服务热线与数字化管理工作相结合，建立市、区两极联动的网格化的管理系统。上海市"12319"城建服务热线

整合了全市建设交通系统 17 条热线，受理范围涵盖建设、水务、交通、房地、市政、绿化、市容环境、城管综合执法等政府管理部门，以及供排水、供气、物业、公交、出租汽车、环卫作业等业务单位，统一对市级直管部门进行评价考核，如图 5-10 所示。

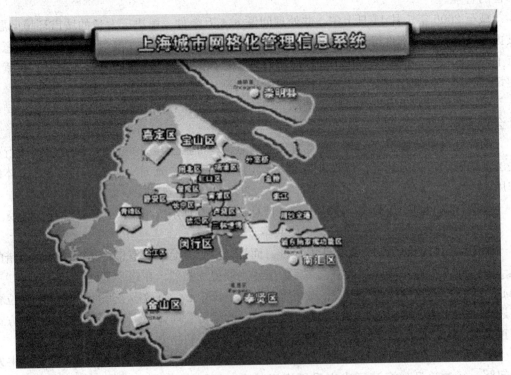

图 5-10　上海城市网格化管理信息系统图

市、区两级联动的管理机制，改变了过去市区脱节的现象，较好地形成了一套发现、处置、反馈机制，真正做到了市区联手、市区互动。

4. 杭州市：GPS 定位和手机 GIS 系统/地下管线管理

杭州市"数字城管"整个项目预计建设周期为 2 年。项目建成后，杭州将成为全国第一家在数字化城管中使用终端 GPS 定位技术和手机 GIS 系统的城市，成为杭州市城市管理发展的一个里程碑。

城市管理信息采集人员将统一配置带有 GPS 定位功能、录音、拍照功能的手机，在第一时间、第一现场将包括图片、声音、位置、详细内容等各类信息，通过无线网络实时发送到市城市管理信息中心，由协同工作网络根据不同的问题统一协调各部门处理，从而实现对城管问题的快速反应，为实施数字化城管提供了信息采集和传递的保证。这样一来，不仅城管问题的平均处理时间可以大大缩短，每周的问题处理量也可以大大增加，如图 5-11 所示。

以 10000m² 为单位，杭州将 190.95km² 主城区划分为 10074 个万米单元网格，专业部门还把有形的市政公共设施、道路交通设施、市容环卫、园林绿化、房屋土地等建立成总数为 196 万件的部件数据库，每个部件都有独一无二的代码。

如有公共设施损坏，第一时间里，负责该区域的工作人员会用集定位、录音和拍照等

图 5-11　杭州市数字城市管理信息系统

多种功能于一体的智能手机拍下被损坏的城市部件，传递到市城管信息中心受理平台，再由协同平台安排处理，大大缩短了时间。

从 2006 年 3 月 28 日数字城管系统试运行至 5 月 30 日，试点的四个城区累计受理问题 100269 件，结案 10915 件，平均每天发现问题量，相当于过去的一个月。

2006 年 6 月 10 日上午 10 时许，杭州市城区防汛部门接到将有暴雨大风的气象预报。他们通过数字城管系统，只用 10min 时间，向行政执法、绿化、市政等各单位发出指令，要求做好防范准备。同时，遍布城区的 130 多个采集员也接到指令上路采集信息，确保在第一时间向区防汛指挥部等部门提供街面信息。有关部门出动 2700 多人，共及时处置倒塌树木 793 株，清除残枝树木 246t，清除大面积落叶 320 多处，发现和处置各类广告牌匾倒塌事件 53 处，排查和处置低洼积水 76 处。通过"数字城管"系统，城市管理者能对城市运转中的各种问题做到"第一时间发现，第一时间处置，第一时间解决"。

目前，杭州市已有 170 多家市级部门纳入数字城管系统共享平台。按照发展规划，杭州市的数字化城市管理将进一步拓展，由市区向城乡结合部拓展，从主要街道向背街小巷拓展，由静态管理向动态管理拓展，由地面管理向地下的煤气管道等拓展，经常性管理向突发性事件处置拓展，定时管理向全天候管理拓展。

5. 深圳市：一个平台三项评价

一个平台就是建立统一的数字化城市信息化管理平台。该平台具备强大的数据采集、传输、处理、分析、输出等功能。系统运行在统一的城市管理中心数据库和软件支撑平台上，覆盖市、区、街道、社区和各个专业管理部门的多级多类城市管理应用需求，实现统一平台、集中管理、信息共享、分布应用。主要包括 4 个方面的建设：

（1）划分单元网格。按照地理布局、负荷均衡、现状管理、无缝拼接和相对稳定等原则，将我市 54 个街道办 717 个社区（居委会）共 1953km² 土地划分为万平方米级的单元网格，对每个网格赋予一个 14 位编码，全市初步共划分为 8726 个单元网格。

（2）开展城管综合信息普查。对全市的六大类 92 小类城市部件，也就是对市政管理公共区域内的各项设施，包括公用设施类、道路交通类、市容环境类、园林绿化类、房屋土地类及其他类进行全面普查，在全面准确普查的基础上建立部件数据库，通过城市管理信息平台对其进行分类管理。

（3）开发应用系统。按住房和城乡建设部数字化城市管理有关规范的要求，结合深圳实际，开发 12 个软件系统。包括：综合业务受理系统、呼叫中心系统、移动采集（城管通）与办公系统、GIS 系统、GPS 车辆定位监控系统、遥感影像识别系统、协同工作系统、视频监控共享系统、数据共享与交换系统、综合评价系统等。

（4）实现政府信息资源共享。为了减少投资，避免重复建设，确保同源信息的一致性，目前已通过离线拷贝和在线共享等方式共享了市规划、国土部门的基础电子地图信息、市工商部门的法人信息、市公安部门的视频监控信息、市气象部门的气温信息等。与此同时，还将开发开放城管信息的共享接口，对数字城管普查及运转过程中产生的信息如网格划分编码及部件普查信息等开放给相关政府部门共享应用。

一个轴心就是市、区分别设置城市公共管理监督评价、指挥协调运转轴心，通过借鉴数字化技术平台，既负责收集发生事件，安排专业部门或公共服务企业完成事件处理，并对处理结果进行核实与考评。市级监督指挥中心负责制定技术标准、运行规范、管理制度；协调跨区问题；监督、指导、检查各区中心；统一对共享系统平台的维护；承担其他交办的任务。区级监督指挥中心负责处理辖区内日常事件与部件；统一指挥辖区内的专业部门和责任单位；负责监督员队伍培训管理；承担其他交办任务。每个部件和事件处理，通过信息收集、案卷建立、任务派遣、任务处理、处理反馈、核实结案和综合评价 7 个环节，做到责任明晰、有始有终、环环相扣。

三项评价是对城市管理的监督人员、指挥协调人员、操作人员、事件部件处理人员实行岗位绩效评价；对城市管理的有关单位和部门实行部门绩效评价；对各级政府的管理辖区实行区域质量和管理效果评价。这三类评价都是刚性评价。系统对每个对象都设计了一级指标、二级指标和三级指标，采用加权综合评分法计算总分，自动生成评价结果，并通过不同的颜色显示在相应的网格图中，予以在网上公布，使其一目了然，接受市民监督。评价结果作为考核业绩的重要内容之一，通过考核各专业部门、街道办事处的立案数、办结率、及时办结率、重复发案率，督促各责任单位和责任人依法履行管理职责，主动发现问题，主动解决问题。

6. 扬州市：一级监督、二级指挥、三级管理、四级网络

扬州市正式启用数字化城市管理系统，具备图、文、声功能的智能化"城管通"手机和市民城管参与热线 12319 也于当日开通。

扬州市数字化城管系统投资达到 4000 万元，采用"万米单元网格"管理方法和城市部件管理方法相结合的方式。这将使扬州实现向"数字城市"的转型。

该系统的信息采集范围覆盖扬州市 140km²，而管理范围则以 75km² 的主城区为主，运用地理编码技术，将城市部件按照城市坐标准确定位，继而进行分类管理。现共采集

107 种计 56 万个"部件",具体说,城市里每一个窨井盖、路灯、邮筒、果皮箱、停车场、电话亭等都有自己的"数字身份"。

据了解,该系统正式开通后的短短 4 天时间里,共接收各类上报案件共 3001 件,其中立案 2820 件,派遣 2789 件,已结案 2633 件,派遣率为 98.9%,结案率为 93.3%。

作为"数字扬州"大平台的一个组成部分,该系统依托电子政务平台,沟通各区、各部门,实现基于统一基础平台的数字化城市管理,如图 5-12 所示。

图 5-12　扬州市数字化城市管理系统图

"七八顶大盖帽管不了一顶破草帽",这是人们对城市管理中,各部门职能交叉,管理效率低下的形象说法。数字化城管可以有效解决这一老大难问题:"扬州市在全国第一个采用'一级监督、二级指挥、三级管理、四级网络'的管理模式,可以充分地调动市区两级的积极性,责任清晰、权利明确,便于指挥调度、协调管理和人员配置。"

扬州着力强化市级监督中心和指挥中心"两个轴心"的建设,两个中心分别行使监控、评价和指挥、调度、协调职能,进行闭合式运行,又紧密联系,协同联动,形成合力。通过强化"两个轴心"的建设,形成"城管有没有问题,监督中心说了算;问题由谁解决,如何解决,指挥中心说了算"的大城管格局。

扬州市城管局有关人士认为:"实施数字化城市管理是全面推进数字城市建设的重要内容,是实现经济社会跨越式发展的必由之路。要进一步提升扬州的城市综合竞争力,就必须以建设'数字扬州'、'数字城管'为契机,大力推进信息化,以信息化带动工业化,以信息化促进城市化、现代化,加快建设民富市强的现代化精致扬州。"

思考题

1. 简述数字城市的概念。
2. 讨论数字城管的概念，其与数字城市的关系。
3. 数字城管建设内容？
4. 简述数字城管信息系统组成。
5. 我国目前数字城管标准和规范有哪些？

第6章 城市管理信息系统开发与管理

6.1 系统开发过程

城市管理信息系统开发涉及的学科领域多、开发周期长、包含的内容复杂，系统开发的过程分为系统调查分析、系统设计和系统实施、系统运行和维护4个大阶段，其中又分为若干小阶段。它们相互衔接而又互相影响，整个过程形成螺旋式上升的循环过程。它是由用户需求调查开始的。

6.1.1 系统的调查分析

（1）需求调查与分析：是对用户及相应的用户群的要求和对用户及其群体的情况进行调查分析。用户需求调查的好坏在很大程度上决定了一个信息系统的成败。要集中力量，多次进行，调查层面广泛，全面调查，并留下文字资料，作为开发工作的重要档案。

（2）可行性分析：是对建立系统的必要性和实现目标的可能性，从社会、技术、经济3个方面进行分析，以确定用户实力、系统环境、资料、数据、数据流量，硬件能力，软件系统、经费预算以及时间分析和效益分析。

（3）系统分析：是系统调查分析阶段的最后一环，在用户需求调查分析，可行性分析的基础上，深入分析，明确新建系统的目标，建立新建系统逻辑模型。此逻辑模型指的是对具体模型的地理信息上的抽象，即去掉一些具体的非本质的东西，保留突出本质的东西及其联系。

6.1.2 系统的设计

系统设计的任务是将系统分析阶段提出的逻辑模型化为相应的实际的物理模型，这是整个研制工作的核心。不仅要完成，而且要优化，即要始终考虑高效性、安全性，具有容错能力的强壮性和方便性。也即按照逻辑功能的要求，考虑各种具体实际条件和具体应用领域，进行具体设计，来完成这些要求。这一阶段，主要分为：系统的总体设计和系统的详细设计。

6.1.3 系统的实施

此阶段是把系统设计的成果付诸实施，实现能够使用的实际系统。它的主要工作，如图 6-1 所示。

6.1.4 系统的运行和维护

系统验收是系统实施的终结，运行阶段的开始，系统验收完成后，系统的运行是由用

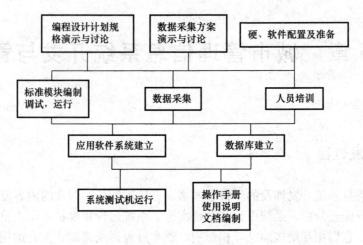

图 6-1　系统实施框图

户为主来进行的。这时使用者变化了，运行数据完全是使用实际数据，而且数量一般较大，也即运行环境也有变化。系统维护是指在运行过程中，为适应环境和其他因素的各种变化，保证系统正常工作而采取的一切活动。包括系统功能的改进和解决的问题及错误。

一般在系统验收后运行的初期，有一段试运行阶段，这时由于环境突出变化，问题出现比较频繁，维护工作量特别大，应以用户方为主、系统设计方为辅，紧密结合进行维护。

6.2　系统开发模式

目前城市管理信息系统的开发多采用 C/S 和 B/S 混合的模式．

6.2.1　C/S 架构

C/S 结构，即大家熟知的客户机和服务器（Client/Server）结构。它是软件系统体系结构，通过它可以充分利用两端硬件环境的优势，将任务合理分配到 Client 端和 Server 端来实现，降低了系统的通信开销。目前大多数应用软件系统都是 Client/Server 形式的两层结构，由于现在的软件应用系统正在向分布式的 Web 应用发展，Web 和 Client/Server 应用都可以进行同样的业务处理，应用不同的模块共享逻辑组件。因此，内部的和外部的用户都可以访问新的和现有的应用系统，通过现有应用系统中的逻辑可以扩展出新的应用系统。这也就是目前应用系统的发展方向。

Client/Server 或客户/服务器模式，Client 和 Server 常常分别处在相距很远的两台计算机上，Client 程序的任务是将用户的要求提交给 Server 程序，再将 Server 程序返回的结果以特定的形式显示给用户；Server 程序的任务是接收客户程序提出的服务请求，进行相应的处理，再将结果返回给客户程序。

传统的 C/S 体系结构虽然采用的是开放模式，但这只是系统开发一级的开放性，在特定的应用中无论是 Client 端，还是 Server 端都还需要特定的软件支持。由于没能提供用户真正期望的开放环境，C/S 结构的软件需要针对不同的操作系统开发不同版本的软件，加之产品的更新换代十分快，已经很难适应百台电脑以上局域网用户同时使用。而且代价高，效率低。

1. C/S工作模式

C/S结构的基本原则是将计算机应用任务分解成多个子任务，由多台计算机分工完成，即采用"功能分布"原则。客户端完成数据处理，数据表示以及用户接口功能；服务器端完成DBMS的核心功能。这种客户请求服务、服务器提供服务的处理方式是一种新型的计算机应用模式。

2. C/S架构的优势与劣势

（1）应用服务器运行数据负荷较轻。最简单的C/S体系结构的数据库应用由两部分组成，即客户应用程序和数据库服务器程序。二者可分别称为前台程序与后台程序。运行数据库服务器程序的机器，也称为应用服务器。一旦服务器程序被启动，就随时等待响应客户程序发来的请求；客户应用程序运行在用户自己的电脑上，对应于数据库服务器，可称为客户电脑，当需要对数据库中的数据进行任何操作时，客户程序就自动地寻找服务器程序，并向其发出请求，服务器程序根据预定的规则做出应答，送回结果，应用服务器运行数据负荷较轻。

（2）数据的储存管理功能较为透明。在数据库应用中，数据的储存管理功能，是由服务器程序和客户应用程序分别独立进行的，前台应用可以违反的规则，并且通常把那些不同的（不管是已知还是未知的）运行数据，在服务器程序中不集中实现。例如，访问者的权限，编号可以重复、必须有客户才能建立订单这样的规则。所有这些，对于工作在前台程序上的最终用户，是"透明"的，他们无须过问（通常也无法干涉）背后的过程，就可以完成自己的一切工作。在客户服务器架构的应用中，前台程序不是非常"瘦小"，麻烦的事情都交给了服务器和网络。在C/S体系下，数据库不能真正成为公共、专业化的仓库，它受到独立的专门管理。

（3）C/S架构的劣势是高昂的维护成本且投资大。首先，采用C/S架构，要选择适当的数据库平台来实现数据库数据的真正"统一"，使分布于两地的数据同步完全交由数据库系统去管理，但逻辑上两地的操作者要直接访问同一个数据库才能有效实现。有这样一些问题，如果需要建立"实时"的数据同步，就必须在两地间建立实时的通信连接，保持两地的数据库服务器在线运行。网络管理工作人员既要对服务器维护管理，又要对客户端维护和管理，这需要高昂的投资和复杂的技术支持，维护成本很高，维护任务量大。其次，传统的C/S结构的软件需要针对不同的操作系统开发不同版本的软件，由于产品的更新换代十分快，代价高和低效率已经不适应工作需要。在JAVA这样的跨平台语言出现之后，B/S架构更是猛烈冲击C/S，并对其形成威胁和挑战。

6.2.2　B/S架构

随着Internet和WWW的流行，以往C/S无法满足当前的全球网络开放、互连、信息随处可见和信息共享的新要求，于是就出现了B/S型模式，即浏览器/服务器（Browser/Server）结构。它是随着Internet技术的兴起，对C/S结构的一种变化或者改进的结构。在这种结构下，用户工作界面是通过WWW浏览器来实现，极少部分事务逻辑在前端（Browser）实现，但是主要事务逻辑在服务器端（Server）实现，形成所谓三层3-tier

结构。这样就大大简化了客户端电脑载荷，减轻了系统维护与升级的成本和工作量，降低了用户的总体成本（TCO）。以目前的技术看，局域网建立 B/S 结构的网络应用，并通过 Internet/Intranet 模式下数据库应用，相对易于把握、成本也是较低的。它是一次性到位的开发，能实现不同的人员，从不同的地点，以不同的接入方式（比如 LAN，WAN，Internet/Intranet 等）访问和操作共同的数据库；它能有效地保护数据平台和管理访问权限，服务器数据库也很安全。特别是在 JAVA 这样的跨平台语言出现之后，B/S 架构管理软件更是方便、速度快、效果优。

B/S 模式最大特点是：用户可以通过 WWW 浏览器去访问 Internet 上的文本、数据、图像、动画、视频点播和声音信息，这些信息都是由许许多多的 Web 服务器产生的，而每一个 Web 服务器又可以通过各种方式与数据库服务器连接，大量的数据实际存放在数据库服务器中。客户端除了 WWW 浏览器，一般无须任何用户程序，只需从 Web 服务器上下载程序到本地来执行，在下载过程中若遇到与数据库有关的指令，由 Web 服务器交给数据库服务器来解释执行，并返回给 Web 服务器，Web 服务器又返回给用户。在这种结构中，将许许多多的网连接到一块，形成一个巨大的网，即全球网。而各个企业可以在此结构的基础上建立自己的 Intranet。

B/S 架构的优势与劣势

（1）维护和升级方式简单。目前，软件系统的改进和升级越来越频繁，C/S 系统的各部分模块中有一部分改变，就要关联到其他模块的变动；使系统升级成本比较大。B/S 与 C/S 处理模式相比，则大大简化了客户端，只要客户端机器能上网就可以。对于 B/S 而言，开发、维护等几乎所有工作也都集中在服务器端，当企业对网络应用进行升级时，只需更新服务器端的软件就可以，这减轻了异地用户系统维护与升级的成本。如果客户端的软件系统升级比较频繁，那么 B/S 架构的产品优势明显——所有的升级操作只需要针对服务器进行，这对那些点多面广的应用是很有价值的。例如，一些招聘网站就需要采用 B/S 模式，客户端分散，且应用简单，只需要进行简单的浏览和少量信息的录入。

（2）系统的性能。在系统的性能方面，B/S 占有优势的是其异地浏览和信息采集的灵活性。任何时间、任何地点、任何系统，只要可以使用浏览器上网，就可以使用 B/S 系统的终端。不过，采用 B/S 结构，客户端只能完成浏览、查询、数据输入等简单功能，绝大部分工作由服务器承担，这使得服务器的负担很重。采用 C/S 结构时，客户端和服务器端都能够处理任务，这虽然对客户机的要求较高，但因此可以减轻服务器的压力。而且，由于客户端使用浏览器，使得网上发布的信息必须是以 HTML 格式为主，其他格式文件多半是以附件的形式存放。而 HTML 格式文件（也就是 Web 页面）不便于编辑修改，给文件管理带来了许多不便。比如说，很多人每天上"新浪"网，只要安装了浏览器就可以了，并不需要了解"新浪"的服务器用的是什么操作系统，而事实上大部分网站确实没有使用 Windows 操作系统，但用户的电脑本身安装的大部分是 Windows 操作系统。

（3）系统的开发。C/S 结构是建立在中间件产品基础之上的，要求应用开发者自己去处理事务管理、消息队列、数据的复制和同步、通信安全等系统级的问题。这对应用开发者提出了较高的要求，而且，迫使应用开发者投入很多精力来解决应用程序以外的问题。这使得应用程序的维护、移植和互操作变得复杂。如果客户端是在不同的操作系统上，C/S 结构的软件需要开发不同版本的客户端软件。但是，与 B/S 结构相比，C/S 技术发展历史更为"悠久"。从技术成熟度及软件设计、开发人员的掌握水平来看，C/S 技术应是更成熟、更可靠的。

6.2.3 B/S 和 C/S 结构软件技术上的比较

1. C/S 与 B/S 的区别

首先，必须强调的是 C/S 和 B/S 并没有本质的区别：B/S 是基于特定通信协议 HTTP 的 C/S 架构，也就是说 B/S 包含在 C/S 中，是特殊的 C/S 架构。

之所以在 C/S 架构上提出 B/S 架构，是为了满足客户端、一体化客户端的需要，最终目的节约客户端更新、维护等的成本，及广域资源的共享。

（1）B/S 属于 C/S，浏览器只是特殊的客户端。

（2）C/S 可以使用任何通信协议，而 B/S 这个特殊的 C/S 架构规定必须实现 HTTP 协议。

（3）浏览器是一个通用客户端，本质上开发浏览器，还是实现一个 C/S 系统。

其实，无论是 B/S 还是 C/S，他们都不新鲜。C/S Client/Server，客户端/服务器技术从 20 世纪 90 年代初出现至今已经相当成熟，并得到了非常广泛的应用，其结构经历了二层 C/S、三层 C/S 的更迭。B/S Browser/Server，浏览器/服务器技术则是伴随着 Internet 的普及而来的。有必要说明的是，B/S 最早并不叫"B/S"，此类应用国外通常叫 Web 应用，是国内一些公司"创造"了"B/S"这个词。

应该说，B/S 和 C/S 各有千秋，他们都是当前非常重要的计算架构。在适用 Internet、维护工作量等方面，B/S 比 C/S 要强得多；但在运行速度、数据安全、人机交互等方面，B/S 远不如 C/S。综合起来可以发现，凡是 C/S 的强项，便是 B/S 的弱项，反之亦然。因此，问题也就因此而产生了，我们的信息系统到底该用 B/S 还是 C/S 架构呢？一场关于 C/S 与 B/S 的口水战也由此在软件开发业拉开了序幕。在互联网泡沫盛行的 2000～2002 年间，这场口水战达到了顶峰。但直到现在，人们也没有争辩出谁是谁非。

事实上，从上面的分析可以看出，这场口水战不可能有胜负出现。因为，B/S 与 C/S 具有不同的优势与特点，他们无法相互取代。例如，对于以浏览为主、录入简单的应用程序，B/S 技术有很大的优势，现在全球铺天盖地的 Web 网站就是明证；而对于交互复杂的企业级应用，B/S 则很难胜任。例如，从全球范围看，成熟的 ERP 产品大多采用二层或三层 C/S 架构，B/S 的 ERP 产品并不多见。

是否有可能将 B/S 与 C/S 的优势融合呢？答案是肯定的，在这几年的发展中将 B/S 与 C/S 的优势完美地结合起来，就是说该平台的应用系统能以 B/S 的方式发布运行，同时又具有 C/S 方式的极强的可操作性。

2. B/S 与 C/S 结构在软件商业运用上的比较

软件是为社会服务的，开发管理信息系统软件不仅要从技术上考虑，还要从商业运用方面来考虑，下文将从商业运用的角度对两种结构的软件进行比较。

（1）投入成本比较。B/S 结构软件一般只有初期一次性投入成本。对于集团来讲，有利于软件项目控制和避免 IT 黑洞。而 C/S 结构的软件则不同，随着应用范围的扩大，投资会连绵不绝。

（2）硬件投资保护比较。在对已有硬件投资的保护方面，两种结构也是完全不同的。

当应用范围扩大，系统负载上升时，C/S 结构软件的一般解决方案是购买更高级的中央服务器，原服务器放弃不用，这是由于 C/S 软件的两层结构造成的，这类软件的服务器程序必须部署在一台计算机上。而 B/S 结构则不同，随着服务器负载的增加，可以平滑地增加服务器的个数并建立集群服务器系统，然后在各个服务器之间做负载均衡。有效地保护了原有硬件投资。

（3）企业快速扩张支持上的比较。对于成长中的企业，快速扩张是它的显著特点。例如，一个快速发展的公司，每年都有新的配送中心成立，每月都有新的门店开张。应用软件的快速部署，是企业快速扩张的必要保障。对于 C/S 结构的软件来讲，由于必须同时安装服务器和客户端、建设机房、招聘专业管理人员等，所以无法适应企业快速扩张的特点。而 B/S 结构软件，只需一次安装，以后只需设立账号、培训即可。

随着软件应用的扩展，对系统维护人才的需求有可能成为企业快速扩张的制约瓶颈。如果企业开店上百家，对计算机专业人才的需求就将是企业面临的巨大挑战之一。

抛开人力成本不说，一个企业要招到这么多的专业人才并且留住他们也是不可能的。所以，采用 C/S 结构软件必然会制约企业未来的发展。另外，大多数 C/S 结构的软件都是通过 ODBC 直接连到数据库的，安全性差不说，其用户数也是受限的。每个连到数据库的用户都会保持一个 ODBC 连接，都会一直占用中央服务器的资源，对中央服务器的要求非常高，使得用户扩充受到极大的限制。而 B/S 结构软件则不同，所有的用户都是通过一个 JDBC 连接缓冲池连接到数据库的，用户并不保持对数据库的连接，用户数基本上是无限的。

从以上的分析可以看出，B/S 结构的管理软件和 C/S 结构软件各有各的优势。而从国外的发展趋势来看。目前，国外大型管理软件要么已经是 B/S 结构的，要么正在经历从 C/S 到 B/S 结构的转变。从国内诸多软件厂商积极投入开发 B/S 结构软件的趋势来看，B/S 结构的大型管理软件可能在将来的几年内占据管理软件领域的主导地位。

6.2.4　SOA 架构

SOA（Service-oriented architecture，面向服务架构）。1996 年，Gartner 最早提出 SOA。2002 年 12 月，Gartner 提出 SOA 是"现代应用开发领域最重要的课题"，当时还预计到 2008 年，SOA 将成为占有绝对优势的软件工程实践方法，主流企业现在就应该在理解和应用 SOA 开发技能方面进行投资。

1. 更好支持商业流程

SOA 并不是一个新事物，IT 组织已经成功建立并实施 SOA 应用软件很多年了，BEA、IBM 等厂商看到了它的价值，纷纷跟进。SOA 的目标在于让 IT 变得更有弹性，以更快地响应业务单位的需求，实现实时企业（Real-Time Enterprise，这是 Gartner 为 SOA 描述的愿景目标）。而 BEA 的 CIO Rhonda 早在 2001 年 6 月就提出要将 BEA 的 IT 基础架构转变为 SOA，并且从对整个企业架构的控制能力、提升开发效率、加快开发速度、降低在客户化和人员技能的投入等方面取得了不错的成绩。

SOA 是在计算环境下设计、开发、应用、管理分散的逻辑（服务）单元的一种规范。这个定义决定了 SOA 的广泛性。SOA 要求开发者从服务集成的角度来设计应用软件，即使这么做的利益不会马上显现。SOA 要求开发者超越应用软件来思考，并考虑复用现有的服务，或者检查如何让服务被重复利用。SOA 鼓励使用可替代的技术和方法（例如消息机制），通过把服务联系在一起而非编写新代码来构架应用。经过适当构架后，这种消息机制的应用允许公司仅通过调整原有服务模式而非被迫进行大规模新的应用代码的开发，使得在商业环境许可的时间内对变化的市场条件做出快速的响应。

SOA 也不仅仅是一种开发的方法论——它还包含管理。例如，应用 SOA 后，管理者可以很方便的管理这些搭建在服务平台上的城市管理应用，而不是管理单一的应用模块。其原理是，通过分析服务之间的相互调用，SOA 使得城市管理人员很方便的拿到什么时候、什么原因、哪些城市管理逻辑被执行的数据信息，这样就帮助了城市管理人员或应用架构师迭代地优化他们的城市业务流程、应用系统。

SOA 的一个中心思想就是使得城市管理应用摆脱面向技术的解决方案的束缚，轻松应对城市服务变化、发展的需要。城市环境中单个应用程序是无法包容业务用户的（各种）需求的。即使是一个大型的城市管理信息系统解决方案，仍然不能满足这个需求在不断膨胀、变化的缺口，对新需求快速做出反应，只能通过不断开发新应用、扩展现有应用程序来艰难的支撑其现有的业务需求。通过将注意力放在服务上，应用程序能够集中起来提供更加丰富、目的性更强的商业流程。其结果就是，基于 SOA 的城市管理信息系统通常会更加真实地反映出与业务模型的结合。服务是从业务流程的角度来看待技术的——这是从上向下看的。这种角度同一般从可用技术所驱动的商业视角是相反的。服务的优势很清楚：它们会同业务流程结合在一起，因此，能够更加精确地表示业务模型、更好地支持业务流程。相反我们可以看到以应用程序为中心的城市管理应用模型迫使业务用户将其能力局限为应用程序的能力。

城市管理流程（Urban Management Process）是流经城市管理信息系统框架的空气，它赋予业务模型里的组件以生命，并更加清晰地定义了它们之间的关系。流程定义了同业务模型进行交互操作的专门方法。例如，井盖可能是城市管理系统的一个部件—但是井盖丢失与修补却是一个业务流程。服务被定义用来支持业务流程，因而贯穿整个流程始终的是：各种服务组件在流程和逻辑实现过程中的装配操作。理解业务流程是定制服务的关键所在。

2. 有利于业务的集成

传统的应用集成方法（点对点集成、消息总线或中间件的集成（EAI）、基于业务流程的集成）都很复杂、昂贵，并且不灵活。这些集成方法难于快速适应基于城市现代业务变化不断产生的需求。基于面向服务架构 SOA 的应用开发和集成可以很好地解决其中的许多问题。

SOA 描述了一套完善的开发模式来帮助客户端应用连接到服务上。这些模式定制了系列机制用于描述服务、通知及发现服务、与服务进行通信。

不同于传统的应用集成方法，在 SOA 中，围绕服务的所有模式都是以基于标准的技术实现的。大部分的通信中间件系统，如 RPC、CORBA、DCOM、EJB 和 RMI，也同样如此。可是它们的实现都不是很完美的，在权衡交互性以及标准制定的可接受性方面总是存在问题。SOA 试图排除这些缺陷。因为，几乎所有的通信中间件系统都有固定的处理模式，如 RPC 的功能、CORBA 的对象等等。然而，服务既可以定义为功能，又可同时对外定义为对象、应用等等。这使得 SOA 可适应于任何现有系统，并使得系统在集成时不必刻意遵循任何特殊定制。

SOA 帮助城市信息系统迁移到"leave and layer"架构之上，这意味着在不用对现有的城市系统做修改的前提下，系统可对外提供 Web 服务接口，这是因为它们已经被可以提供 Web 服务接口的应用层做了一层封装，所以在不用修改现有系统架构的情况下，SOA 可以将系统和应用迅速转换为服务。SOA 不仅覆盖来自于打包应用、定制应用和遗留系统中的信息，而且还覆盖来自于如安全、内容管理、搜索等 IT 架构中的功能和数据。因为基于 SOA 的应用能很容易地从这些基础服务架构中添加功能，所以基于 SOA 的应用能更快地应对市场变化，为使城市管理具体业务部门设计开发出新的功能应用。

3. SOA 的优势

（1）提供位置的无关性：服务不需要与特定网络的一个特定系统相关联，可以通过类似 url 的形式调用方法。

（2）协议无关的通信构架方便实现代码的重用，Web Service 的封装和实现没有太大的关系，很多现有的方法都可以通过 Web Service 的方式发布。

（3）采用 Web Service 使得调用是面向于服务，发布方对实现的修改可以相当灵活，这对业务需求的变更可以提供更好的适应性和做出更快的响应。

（4）完全可以开发完功能之后再改成 Web Service，这让应用程序的开发，运行时部署更容易，让服务的管理更方便。

（5）松耦合系统体系结构使集成更容易，这个集成的构成包括应用程序，过程和从另一些低复杂度服务而来的更复杂的服务。

（6）为服务客户提供认证和授权服务，通过服务接口来实现所有的安全功能，这一点优于紧耦合机制。

（7）服务客户可以动态的发现和连接可获得的服务。

6.3　系统实施

信息系统实施阶段的任务是根据用户确认的设计方案，实现具体的应用系统，包括建立网络环境、安装系统软件、建立数据库文件、通过程序设计与系统实现设计报告中的各应用功能并装配成系统、培训用户使用等。

按照系统实施的过程，系统实施阶段的任务可以归结为如下几项：购置和安装设备以建立计算机网络环境和系统软件环境、计算机程序设计、系统调试和测试、人员培训、系统切换并交付使用。

6.3.1　购置和安装设备、建立网络环境

系统实施的该项工作是依据系统设计中给出的管理信息系统的硬件结构和软件结构购置相应的硬件设备和系统软件，建立系统的软、硬件平台。一般情况下，中央计算机房还需要专业化的设计及施工。为了建立网络环境，要进行结构化布线，网络系统的安装与调试。

6.3.2　系统调试与测试

在进行计算机程序设计之后，需要进行系统的调试。实际上，在编写计算机程序时，

一直在进行调试，修改程序中的错误。在完成这种形式的调试之后，还必须进行专门的系统测试。通过系统的调试与测试可以发现并改正隐藏在程序内部的各种错误以及模块之间协同工作存在的问题。

6.3.3 人员培训

人员培训可以分为2种类型：一种类型指的是在软件开发阶段对程序设计人员的培训；另一种类型是在系统切换和交付使用前对系统使用人员的培训。这里，人员培训指的是第二种情况。在管理信息系统投入使用之前，需要对一大批未来系统的使用人员进行培训，包括系统操作员、系统维护人员等。

6.3.4 系统切换

信息系统实施的最后一项任务是进行系统的切换，它包括进行基本数据的准备、数据的编码、系统的参数设置、初始数据的录入等多项工作。在系统正式交付使用之前，必须进行一段时间的试运行，以进一步发现及更正系统存在的问题。在系统切换和交付使用的过程中，每项工作都有很多人员参加，而且会涉及多个业务部门。因此，该阶段的组织管理工作非常重要，要做好系统切换计划，控制工作的进度，检查工作的质量，及时地做好各方面的协调，保证系统的成功切换和交付使用。

6.3.5 系统调试

系统调试是从系统功能的角度对所实现的系统功能及功能间的协调运行进行检验调整，找出系统中可能存在的问题，并进行更正，以达到系统设计的全部要求。

系统调试的过程通常由单个模块调试、模块组装调试和系统联调3个步骤完成。

没有绝对的成功实施信息系统的，而且信息系统，是个很广泛的概念，需要根据具体的软件来由针对性的分析，走好每一步，可以降低失败的可能性。

6.4 系统测试

6.4.1 测试范围与测试任务

软件测试是保证软件产品质量的重要手段，没有测试的开发是不完整的软件开发过程。在项目测试过程中，测试组在项目不同阶段都定义了相应的任务，包括前期计划、用例设计到执行测试，充分保证了项目测试的完整性和充分性。整个测试过程严格遵守测试流程规定。为保证软件质量实施关键活动，测试过程以项目内部测试为主，尽可能多地发现系统缺陷，并尽最大可能保证系统的稳定性、兼容性、可重复性以和强壮性。测试范围覆盖程序、相关文件、需求文档、安装手册、使用手册等。

测试主要包括：单元测试、集成测试、系统测试。单元测试由开发人员互检为主，测试人员提供相应的工具，以及测试知识的相关培训。集成测试和系统测试由开发人员同测试人员联合完成，由测试人员编写测试计划，测试方案，测试用例以及测试报告。测试实施过程需要开发人员的参与。

（1）制定测试计划：（测试设计员）制定测试计划的目的是收集和组织测试计划信息，并且创建测试计划。

1）确定测试需求——根据需求工件集收集和组织测试需求信息，确定测试需求。

2）制定测试策略——针对测试需求定义测试类型、测试方法以及需要的测试工具等。

3）建立测试通过准则——根据项目实际情况为每一个层次的测试建立通过准则。

4）确定资源和进度——确定测试需要的软硬件资源、人力资源以及测试进度。

5）评审测试计划——根据同行评审规范对测试计划进行同行评审。

（2）设计测试：（测试设计员）设计测试的目的是为每一个测试需求确定测试用例集，并且确定执行测试用例的测试过程。

1）设计测试用例：对每一个测试需求，确定其要的测试用例。对每一个测试用例，确定其输入及预期结果。确定测试用例的测试环境配置、需要的驱动界面或稳定桩。编写测试用例文档。

2）开发测试过程：根据界面原型为每一个测试用例定义详细的测试步骤。为每一测试步骤定义详细的测试结果验证方法。为测试用例准备输入数据。编写测试过程文档。在实施测试时对测试过程进行更改。

3）设计驱动程序或稳定桩——设计单元测试和集成测试需要的驱动程序和稳定桩。

（3）实施测试：（开发人员和测试人员）实施测试的目的是创建可重用的测试脚本，并且实施测试驱动程序和稳定桩。编写驱动程序和稳定桩——根据设计编写测试需要的测试驱动程序和稳定桩。

（4）实施单元测试：（开发人员）执行单元测试的目的是验证单元的内部结构以及单元实现的功能。

1）执行单元测试——按照测试过程手工执行单元测试或运行测试脚本自动执行单元测试。

2）记录单元测试结果——将单元测试结果作详细记录，并将测试结果提交给相关组。

3）回归测试——对修改后的单元执行回归测试。

（5）实施集成测试：（开发人员或测试员）执行集成测试的目的是验证单元之间的接口以及集成工作版本的功能、性能等。

1）执行集成测试——按照测试过程手工执行集成测试或运行测试脚本自动执行集成测试。

2）记录集成测试结果——将集成测试结果作详细记录，并将测试结果提交给相关组。

3）回归测试——对修改后的工作版本执行回归测试，或者对增量集成后的版本执行回归测试。

（6）实施系统测试：（测试人员）执行系统测试的目的是确认软件系统工作版本满足需求。

1）执行系统测试——按照测试过程手工执行系统测试或运行测试脚本自动执行系统测试。

2）记录系统测试结果——将系统测试结果作详细记录，并将测试结果提交给相关组。

3）回归测试——对修改后的软件系统版本执行回归测试。

6.4.2 测试管理总流程

测试管理总流程，如图 6-2 所示。

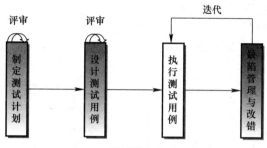

图 6-2　测试管理总流程图

6.4.3 制定测试计划工作流程

测试计划工作流程，如图 6-3 所示。

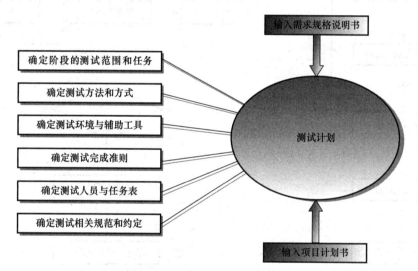

图 6-3　测试计划工作流程图

6.4.4 设计测试用例工作流程

设计测试用例工作流程，如图 6-4 所示。

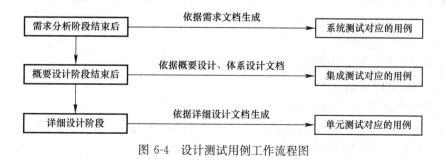

图 6-4　设计测试用例工作流程图

6.4.5　执行测试工作流程

1. 测试工作总体流程

测试工作总体流程，如图 6-5 所示。

2. 单元测试工作流程

单元测试工作流程图，如图 6-6 所示。

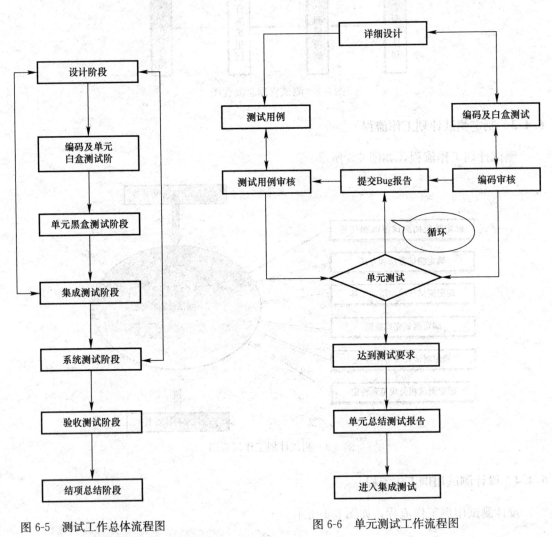

图 6-5　测试工作总体流程图　　　　　　　　图 6-6　单元测试工作流程图

3. 集成测试工作流程

集成测试工作流程，如图 6-7 所示。

4. 系统测试工作流程

系统测试工作流程，如图 6-8 所示。

压力测试为模拟用户正常使用时，系统正常工作的最小时间。测试系统的崩溃极限（最多使用人数和数据库的极限容量）。

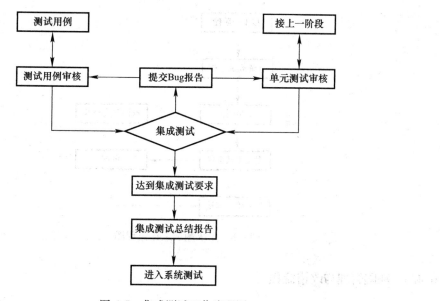

图 6-7 集成测试工作流程图

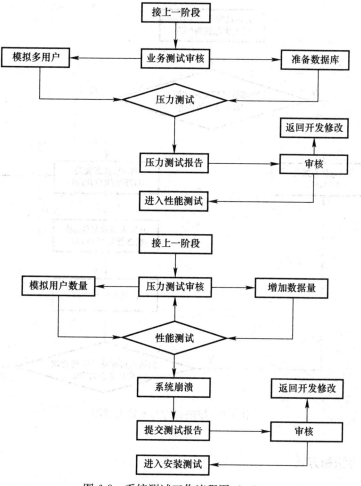

图 6-8 系统测试工作流程图（一）

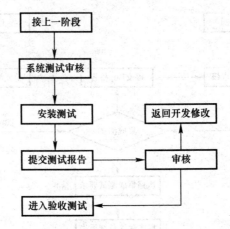

图 6-8　系统测试工作流程图（二）

6.4.6　缺陷管理与改错流程

缺陷管理与改错流程，如图 6-9 所示。

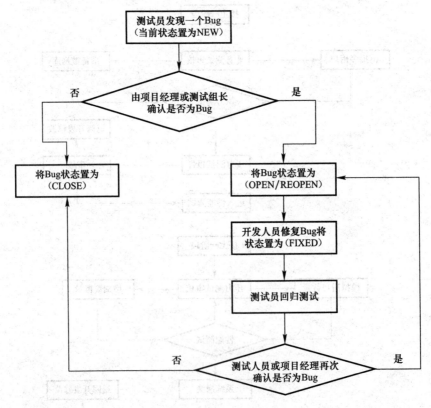

图 6-9　缺陷管理与改错流程图

6.4.7　测试方法和方式

测试方式主要以手工测试为主，在条件允许的情况下使用自动化测试工具进行测试，见表 6-1 所示。

测试方式和方法表 表 6-1

测试方法	测试覆盖率（%）	执行人员	描述
黑盒测试	100	测试人员	功能测试或数据驱动测试
灰盒测试	10～20	测试或开发人员	静态的白盒测试或动态的黑盒测试
白盒测试	5	开发人员	结构测试或逻辑驱动测试

说明：黑盒测试是依据用户能看到的规格说明，即针对命令、信息、报表等用户界面及体现他们的输入数据与输出数据之间的对应关系，特别是针对功能进行测试。

黑盒测试覆盖范围：

1. 测试用例覆盖：测试用例的没一个用例都被测试过。
2. 输入覆盖：测试过程中所输入的数据或资料必须一再的试验，如在程序安装过程中输入用户名时，测试者必须反复输入不同长度的中文、英文或数字等来做测试。
3. 输出覆盖：测试过程中程序所产生的行为、反映及数据必须都一再地试验，如不同情况的对话窗口的内容、运算结果数据等都必须反复地测试审核。

6.5　系统维护

对于建成的任何系统，系统维护都是非常重要的，UMIS 也不例外。系统维护是保证 UMIS 正常、有序和持久运行的必要保障。系统维护的能力是考验应用系统质量的一个重要指标。

6.5.1　系统维护类型

1. 应用软件的维护

应用软件的维护是软件生命周期的最后一个环节，它的实质是对应用软件继续进行查错、纠错和修改完善，应用软件的维护可分为：

（1）修改性维护：对性能、功能、处理等出现的错误能进行修改纠正。

（2）适应性维护：当机构体制等发生变化时，能作相应的修改以适应新的变化。

（3）完整性维护：当有新的功能要求时，能进行便捷的修改和扩充。

2. 数据的维护

数据的维护和更新是一个系统是否有生命力的重要标志。因此，当数据需变更时，应该在较短的时间内完成数据的更新，有些数据需要进行实时更新。数据的更新不仅是技术方面问题，更重要的是更新机制的建立与保障。

6.5.2　系统维护手段

（1）通过电话，普通信函方式维护。这种方式是最传统的维护方式，通过电话将要维护的内容告知技术支持人员，从而得到最直接的支持。这种方式的特点是直接、快速和准确。

（2）通过电子邮件和网站维护。这是一种互联网技术发展的结果，开发方将一些常见的问题或已经解决的问题的解决方法在网站上发布出来，用户需要维护时只要到网站上查找相应的答案就可以了。这种方式极大地解决了开发方在系统维护上的资源投入，使其将资源转向开发更新的版本上去。

（3）通过远程维护系统。这种方式是在电话或经验都不能清楚描述系统的故障原因时，由技术人员通过远程控制软件，远程仿真用户的故障现象，从而得到解决问题的方法。

（4）通过现场维护。这种方式也是最直接的解决方法，一般是当用户的问题积累到一定程度，在短时间内无法通过其他方法解决这些问题时，才采用这种方式。这种方式解决问题的效率是最高的，通常开发方会对用户承诺提供无偿的现场维护，这也是用户选择开发方时要考虑的一个因素。

6.5.3　维护注意事项

在系统交付后，进入运行维护期。用户从此正式对系统进行全面的运行（包括试运行）。在这期间随时可能会出现诸如数据更新、故障维护、需求变化等问题。

1. 协调与测绘单位、设计单位的关系

用户应积极与测绘单位、设计单位联系，将规划管理信息系统的建设进展情况告之他们，并提供各种图形数据接口标准的相关文档和样例。测绘设计单位须根据这些标准完成各类图形、属性、文档等数据，并将成果提交给用户。用户再将数据交给开发方进行检测验收。如有必要，可通过用户安排开发方与测绘、设计等单位就这些问题进行商讨。

2. 数据资料的更新

GIS 作为快速、有效的更新手段可以对地形图进行动态更新，保证其现势性。

定期将大范围航测底图，通过扫描和数字化入库。通过经常的小范围的修测、补测，并将结果及时进行图库更新。进行建设项目的竣工验收测量，实时更新图库。建立更新机制，才能真正保证数据的及时更新。

保证地形图测量成图所有途径（外业数据采集、内业数据矢量化、全数字摄影测量等）都可以按照系统要求的分层编码标准成图，保证所有的测量成图可以快速进入信息系统。同时必须建立数据快速进入的一套有效的管理流程，保证数据更新的质量。

在保证所有竣工资料返回规划部门的同时，提高竣工测量的要求，保证竣工测量达到地形图更新的水平，可以直接在竣工测量的同时，更新相应的地形图。

除了下达指令性的大片测图任务外，可以建立一个随时更新的机制，要求测绘单位根据业务的需要进行测图。如果规划业务办理的区域没有地形图，或者已有的地形图现势性很差，可以要求测绘单位马上对需要的地形图进行测量更新，保证规划管理的需要。

3. 系统管理员在系统交付后承担的责任

系统管理员在系统交付后的责任非常重大，要承担系统运行所必须的日常维护工作，同时要保持与开发方的联系，是用户与开发方之间的主要联系桥梁。其中，比较重要的任务有：

（1）数据维护

系统正式运行后，会有一些数据的维护工作。例如，新的图形与属性数据资料的入库、数据更新、专题图的制作、统计制作、出图出证等，这些工作是系统管理员日常的工作。

（2）系统操作的辅导、答疑

系统在运行期间，业务人员可能会有一些系统操作方面的问题，系统管理员应负责解答，并辅导业务人员进行正确操作。

（3）系统故障处理

在系统运行过程中，可能会有一些小故障，其中可能包括硬件或软件的情况。例如，系统中出现了提示信息，业务人员不知如何处理，案卷找不到或打印机设置不正确等。系统管理员要负责解决这些问题。

（4）重大故障的反馈

当系统出现系统管理员也不能处理的故障时，系统管理员应记录下故障出现的条件和现象，然后与开发方的技术人员电话联系，详细描述故障出现的条件、现象等，由开发方的技术人员判断并解决问题。如果电话描述不清，系统管理员可协调开发方通过远程维护进行故障诊断，并采取解决措施。

（5）新需求的反馈

当系统运行一段时间后，业务人员可能会提出一些系统调整或新增功能的意见。系统管理员应首先了解这些需求，并填写相应的表格，以传真或邮件形式发给开发方。

4. 系统新需求处理

当系统运行一段时间后，业务人员可能会提出一些系统调整或新功能要求。这些意见先由系统管理员初步整理和总结。系统管理员认为能够通过系统提供的工具调整系统来满足业务人员的需求，可由系统管理员直接进行修改。否则，由系统管理员将这些需求意见详细记录到系统运行记录中，并将其以传真或邮件的方式发给开发方。开发方将这些意见进行整理并与系统管理员交流，确认这些需求意见后列入版本升级计划，并将升级计划反馈给系统管理员或项目负责人。

6.5.4 系统故障处理

系统出现故障后，首先由系统管理员解决。系统管理员查看故障现场，检查系统运行状况，根据自己的经验判断故障原因，然后尝试解决。如果在系统管理员的能力范围之外，则需要与开发方的技术支持联系，寻求解决办法。如果不影响全局工作，可先对故障进行记录，将记录结果反馈给开发方，然后由开发方进行处理。如果对全局工作影响非常大，则由开发方进行远程维护，查找故障原因，并马上解决问题。涉及非常重大的故障时，开发方也可派技术人员到现场解决问题。

系统要提供各种维护工具，提高系统的自维护能力，使系统可以适应机构变化、流程变化、表格变化和数据变化等各种情况，可以不必依赖开发方，达到自己维护的能力。

系统应该提供出现异常情况后进行恢复的工具，保证系统在各种异常情况发生后，可以进行快速的自我修复和自我恢复。

开发方应该提供完整的用户手册，手册中应该强调常见问题及其解决办法，供业务人员和系统管理人员学习。通过手册，可以学会系统的使用和维护，解决可能出现的问题和故障。

开发方应该提供稳定可靠的技术支持途径，保证系统出现系统管理员无法处理的故障时，可以得到及时的反馈和维护。这些途径包括：可以得到得力的技术人员的技术支持，使得问题得到及时准确的判断和解决；用远程维护的手段，技术人员可能通过远程维护工具，直接登录到出现故障的系统上，进行故障判断和排除。必须到现场才能解决故障时，开发方要及时到现场进行维护的承诺。

6.6　信息系统管理

6.6.1　信息系统成功的因素

影响信息系统性能的因素有 2 个：一是技术；另一是组织管理。从技术上看，任何新建立的系统都不可能是尽善尽美的，都可能存在着只有在实际运行中才能发现的缺陷。另外，随着内部与外部环境的变化，系统也会暴露出不足之处或不相适应之处，这是在系统运行过程中始终存在的必须要予以解决的问题。从管理上看，以计算机为工具的信息系统与传统的信息系统相比，在数据流程、处理方法、操作规程及表现形式等方面存在很大的差别，新老系统转换的同时也要求管理人员从传统管理系统进入新系统，而人对任何新事物都有一个学习适应过程，部分人对新系统可能还存在着抵触情绪。

6.6.2　开发进度管理

1. 编制项目工作计划

编制项目工作计划首先要确定：

（1）系统开发阶段、子项目与工作步骤的划分。

（2）系统的开发顺序与子项目之间的依赖关系。

（3）各开发阶段、子项目与工作步骤的工作量。

在此基础上，根据项目的总进度要求，用某种工程项目计划方法制定出具体工作内容与要求，落实到具体人员，限定完成时间的项目工作计划。

开发阶段的划分与采用的开发策略和开发方法有关。例如，结构化开发方法分为系统分析、系统设计及系统实施 3 个阶段。原型法有初步分析、原型设计制作、原型评价与改进、系统成型等阶段。购置商品软件与专门开发并举策略除了上述阶段外，还有购前工作与购后工作等阶段。

如果项目很大，可以轻重缓急逐步开发原则而划分成子项目。子项目可按系统的构成来划分。例如，应用系统中的各子系统、系统平台、培训等。子项目确定后，还要分析它们之间的相互依赖关系，以便能在时间上安排先后开发顺序。显然，基础的、前端的子项目，例如，销售子系统、工程数据管理子系统等，应先安排。依赖性的、建立在其他子项目之上的子项目，例如，生产管理子系统、财务管理子系统等，应后安排。在另一方面，为了体现信息系统的效益及激发管理人员的信心，一些难度低、见效快的子项目也可以优先安排，例如，城市基础数据采集子系统等。有时候，某些子项目可能会延续几个开发阶段。

工作步骤是开发阶段的进一步细分，每一个工作步骤完成一项具体的工作内容。

信息系统各开发阶段、子项目及工作步骤工作量的核定一般只能依据经验统计数据给出估计数。系统分析与系统设计阶段的工作量在开发总工作量中占有很高的比例，这也表明系统开发的前期工作是非常重要的。实践证明，如果前面阶段的工作做得细致，所付出的代价将会在系统的实施与运行阶段得到补偿，反之，可能会付出更大的代价。

网络计划，或称为关键路线法（Critical path method，CPM）是编制信息系统项目工作计划的一种方法。利用网络计划对项目进度进行控制，要计算每个事件的最早时间和最迟时间，再确定关键路线。计算规则是：

（1）事件的最早时间由起点事件顺向计算。当某事件的先行活动有 2 个以上时，按其中时间最大的活动计算事件的最早时间。

（2）事件的最迟时间由终点事件逆向计算。当某事件开始的活动有 2 个以上时，按时间最小的活动计算事件的最迟时间。

（3）如果两个事件的最早时间和最迟时间相等，则称为关键事件。由关键事件连接的各个活动所组成的路线称为关键路线。

2. 项目进度控制

在实践中，很少管理信息系统能按计划进度完成。因此，计划不宜制定得过于具体，应预留有机动时间，并开展计划检查和监督、计划延误分析等活动。一般地，项目的延期除了环境变化、资金不到位、人员变动等原因外，还有一些特殊的原因：

（1）各项开发活动的工作量是凭经验估计的，可能与实际工作量有较大的差别。

（2）开发过程中产生了事先没有估计到的活动，使工作量增加。

（3）由于需求或其他情况发生变化，使已完成的成果要作局部修改，造成返工。

上述原因所导致的计划不能如期往往是不可避免的，但必须分析清楚项目由哪些活动延误，什么原因造成延误，才能采取正确的对策或修改计划，在总体上把握开发进度，减少由延误造成的损失。可以采取的对策有：

（1）对于开发中的不确定性问题，可事先在计划中留有余地。例如，取工作时间的上限等。

（2）经常与用户交换意见，掌握城市的发展动向，及时地解决遗留问题，减少返工现象。

（3）当关键路线上的活动延误时，要调配现有开发人员，或加班加点，或集中人力予以解决。

从根本上说，控制信息系统开发进度问题还有赖于城市管理模式的规范化，系统开发过程的标准化。除了要控制信息系统开发项目的计划进度外，项目的质量问题也是很重要的。

6.6.3 运行管理

信息系统运行管理包括 3 个方面的工作：日常运行管理、系统文档规范管理以及系统的安全与保密。

1. 日常运行管理

（1）系统运行记录

从每天进入应用系统、功能选择与执行，到下班前的数据备份、存档、关机等，要就系统软硬件及数据等的运作情况作记录。运行情况有正常、不正常与无法运行等，对于后两种情况，应将现象、发生时间和可能的原因作详细记录。这些记录会对分析与解决问题有重要的参考价值。由于这些工作比较繁琐，在实际上往往会流于形式，因此，一般应在系统中设置自动记录功能。但是，作为一种责任与制度，一些重要的运行情况及所遇到的问题，仍应作书面记录。应事先制定严格的规章制度来保证对系统运行情况作记录，具体工作由使用人员完成。无论是自动记录还是由人工记录，都应作为基本的系统文档作长期保管，以备系统维护时参考。

（2）系统运行的日常维护

系统维护根据其目的可分为日常维护与适应性维护。日常维护是定时、定内容地重复进行的有关数据与硬件的维护，以及对突发事件的处理等。

在数据或信息方面，日常要维护的有备份、存档、整理及初始化等。大部分日常维护由软件来处理，但处理功能的选择与控制还是由使用人员来完成。为安全起见，每天操作完毕后，都要对新增加的或更改过的数据作备份。除正本数据外，至少要求有 2 个以上的备份，数据正本与备份应分别存于不同的磁盘上或其他存储介质上。数据存档或归档是当工作数据积累到一定数量或经过一定时间间隔后转入档案数据库的处理，作为历史数据存档。为防万一，档案数据也应有 2 份以上。数据整理是对数据文件或数据表的索引、记录顺序等的调整，可以使数据的查询更为快捷，对保持数据的完整性也很有好处。在系统正常运行后，数据的初始化主要是指以月度或年度为时间单位的数据文件或数据表的切换与结转数等的预置。

在硬件方面，日常维护主要有各种设备的保养与安全管理、简易故障的诊断与排除、易耗品的更换与安装等。这些工作应由专人负责。

信息系统运行中的突发事件一般是由于操作不当、计算机病毒、突然停电等引起的。当突发事件发生时，轻则影响系统运行，重则破坏数据，甚至导致系统瘫痪。突发事件应由信息管理专业人员负责处理，有时要系统开发人员或软硬件供应商来解决。对发生的现象、造成的损失、引起的原因及解决的方法等，也要作详细的记录。

（3）系统的适应性维护

城市处于不断变化的环境之中，为了适应环境，城市管理信息系统自然地也要作不断的改进；另一方面，一个信息系统难免会存在一些缺陷与错误，而且会在运行过程中逐渐暴露出来。为适应环境的变化及克服本身存在的不足对系统作调整、修改与扩充即为系统的适应性维护。

实践证明，系统维护与系统运行始终并存，系统维护所付出的代价往往要超过系统开发的代价，系统维护的好坏将显著地影响系统的运行质量、系统的适应性及系统的生命期。我国许多信息系统开发好后，不能很好地投入运行或难以维持运行，在很大程度上就是重开发轻维护所造成的。

系统的适应性维护以系统运行情况记录与日常维护记录为基础，其内容有：

1）系统发展规划的继续研究与调整。

2）系统缺陷的记录、分析与解决方案的设计。

3）系统结构与功能的调整、更新与扩充。

4）数据结构的调整与扩充。

5）系统硬件的维修、更新与添置。

2. 系统文档管理

文档（Documentation）是以书面形式记录人们的思维活动及其工作结果的文字资料。信息系统实际上由系统实体及相应的文档 2 大部分组成，系统开发要以文档描述为依据，系统实体运行与维护要用文档来支持。

系统文档不是事先一次性形成的，它是在系统开发、运行与维护过程中不断地按阶段逐步编写、修改、完善与积累而形成。如果没有规范的系统文档，信息系统的开发、运行与维护会处于混乱状态，严重影响系统的质量，甚至导致系统失败。当系统开发人员发生变动时，问题尤为突出。因此，有专家认为：系统文档是信息系统的生命线，没有文档就没有信息系统。

文档管理是有序地、规范地开发与运行信息系统所必须做好的工作。目前，我国对于信息系统的文档内容与要求基本上有了统一规定。主要分为技术文档、管理文档及记录文档等类型。当系统变化较大时，系统文档将以新的版本提出。系统文档管理工作主要有：

（1）制定文档标准与规范。

（2）指导文档编写。

（3）收存、保管文档与办理借用手续等。

（4）所有文档都要收集齐全、统一保管、专人负责、形成制度。

3. 信息系统安全与保密

信息系统的各种软硬件是重要资产。在系统运行过程中产生和积累的大量信息也是重要资源，无论是系统软硬件的损坏或者是数据与信息的泄漏，都会给企业或部门带来不可估量的损失。因此信息系统的安全与保密是一项极其重要的系统管理工作。

信息系统的安全与保密是两个不同的概念，信息系统的安全是为防止破坏系统软硬件及信息资源行为的发生所采取的措施。信息系统的保密是为了防止有意窃取信息资源行为的发生而采取的措施。

信息系统的安全性问题主要由以下几方面原因所造成：

（1）自然现象或意外原因引起的软硬件损坏与数据的丢失和破坏。例如，电源出故障或丢失笔记本电脑等等。

（2）操作失误导致的数据丢失和破坏。

（3）病毒侵扰导致的软件与数据的破坏。

（4）人为因素对系统软硬件及数据所造成的破坏。例如，某些员工心怀不满，恶意破坏数据。

因此，信息系统安全性的目标是：

（1）控制资产流失。

（2）保证数据的完整性和可靠性。

（3）提高信息系统应用效率。

信息系统的安全管理控制的主要目标是实现职责分离和人员的管理。在计算机信息处理环境中，业务处理环境发生了重大的变化，业务流程处理是基于信息系统平台来完成。同一笔业务的授权、处理、复核、记录等工作可以通过计算机程序来实现，整个工作可以由一个人单独操作计算机完成。所以，在信息系统环境中，职责分离原则在业务处理层次被削弱。因此信息系统需要从组织结构上来实现信息系统环境下各种职责。信息系统安全与保密工作：

（1）制定严密的安全与保密制度，深入宣传与教育，提高安全与保密意识。

（2）制定损害恢复规程。

（3）配备齐全的安全设备。

（4）设置切实可靠的系统访问控制机制、权限用户身份确认、防火墙设置等。

（5）完整地制作系统软件和应用软件的备份。

（6）敏感数据尽可能隔离存放，由专人保管。

思考题

1. 简述系统开发的主要过程。

2. 简述 C/S 和 B/S 开发模式的相同点和区别。

3. 系统测试的重要性，系统测试的基本方法和过程是什么？

4. 简述系统实施阶段的工作任务有哪些？

5. 如何进行项目进度控制？

第7章　城市信息化管理新模式

在城市管理信息化发展的洪流中，陆续涌现出一系列的新模式、新理念和新概念。有些概念正在运用和推广，例如"网格化管理"正在以一种新的城市管理模式被推广。有些概念已经被广泛引用或运用，例如"虚拟城市"，有些概念还是一种正在探索的新技术或城市发展新理念，例如"智慧城市"。目前，现代城市已向智能型城市转变与发展。所谓"智能城市"，就是指高度信息化和全面网络化的城市。"智能城市"的主要特征是成为信息流通、管理和服务的中心，这个特征正是城市管理的结果。

7.1　网格化管理

城市网格化管理是一种革命和创新。城市网格化依托统一的城市管理以及数字化的平台，将城市管理辖区按照一定的标准划分成为单元网格。通过加强对单元网格的部件和事件巡查，建立一种监督和处置互相分离的形式。对于政府来说的主要优势是政府能够主动发现，及时处理，加强政府对城市的管理能力和处理速度，将问题解决在居民投诉之前。

首先，它将过去被动应对问题的管理模式转变为主动发现问题和解决问题。第二，它是管理手段数字化，这主要体现在管理对象、过程和评价的数字化上，保证管理的敏捷、精确和高效。第三，它是科学封闭的管理机制，不仅具有一整套规范统一的管理标准和流程，而且发现、立案、派遣、结案4个步骤形成一个闭环，从而提升管理的能力和水平。

正是因为这些功能，可以将过去传统、被动、定性和分散的管理，转变为今天现代、主动、定量和系统的管理，城市网格化管理，成为要走向数字化的城市不愿错过的尝试。

7.1.1　万米单元网格管理法

万米网格数字化城市管理是建设数字城市的先驱，就是以一万 m^2 为基本单位，根据属地、地理布局、现状管理、方便管理等原则，将管理空间划分成若干个网格状单元，同时明确各级地域责任人，由网格监督员对所分管的万米单元实施监控，从而对管理空间实现分层、分级、全区域管理的方法，如图7-1所示。

北京市东城区"网格化"管理新概念的提出和建设实践，是数字城市技术和思想应用在城市管理上的一次重要实践和重大创新，使得数字城市技术真正贴近了城市管理，贴近了市民的生活，最重要的是，通过管理流程的再造，使得政府的工作模式适应了信息化的需要。

以网格化管理为特征的数字城管系统的建设，为数字城市建设开辟了一个新的道路，在此系统建设的基础上，进一步挖掘数字城市技术在城市管理上的应用，并推广应用在城市规划、预测、评估等多个方面，必将迅速推动数字城市的建设。

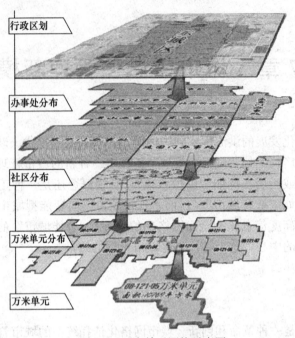

图 7-1　万米单元网格示意图

7.1.2　网格中管理概念

所谓网格，就是将城区行政性地划分为一个个的"网格"，使这些网格成为政府管理基层社会的单元。

社区管理和社区建设，有一个很著名的"二、三、四"，即"两级政府、三级管理、四级模式"。"两级政府"的提法是确立区级机关的主管政府地位，强调两级政府，也就是强调区级政府在管理区域内公共事务的独立地位，意味着具体的管理事务、管理权限，以及财政资源由市级政府向区级政府流动。"三级管理"强调街道党政机关在管理本地区事务的重要地位。虽然街道办事处在法律上不具备一级政府的地位，但是强调街道机关的管理职能和地位，意味着街道承担更加明确的协调和管理的职能，包括通过"会签"权，提升街道政府引向行政管理在区内派出机构的影响能力。"四级网络"强调居民区层次在社会管理中基础性单位的地位，通过居民区各类组织，建立起维系社会管理和稳定的网络体系。"二、三、四"模式的实质体现了上海市网格化城市管理模式的精髓，即强调政府自上而下的行政调控，区、街道和居民区三个层次上的组织体系成为确保社会管理的组织架构。在总的发展方向上，强调社会管理的重心下移。

在快速变化的城市社会面前，"二、三、四"模式，沿用了传统的行政控制策略，即试图用行政力量来整合和调控城市社会。随着市场化变革越来越深化，这种行政主导和控制模式面临越来越多的难题。这些问题表现在一些最直观的现象之上。例如，在"二、三、四"体制下，街道是三级管理中的重心，通过行政化整合的机制，对辖区进行社会管理。这种行政强化的逻辑在理论上可以成立，但是实际运作中却存在一个问题，就是街道所能够掌握的治理资源远远不能满足需要。一方面，街道对各类条线部门缺乏有效的制约机制。虽然街道在名义上是这个层次的协调和领导机构，但实际上却无法真正主导条线部门的行政行为。在工作评估方面，反而是区行政主管部门来考核街道。因此，很多具体工作的落实，难缠的事务最后都落到了街道身上。例如，街道的综合治理工作，由街道综合治理办公室承接，涉及多个上级部门。任何一个区级部门，都可以随时向街道综合治理办公室安排工作任务。各种任务不断下达，但是人员、经费和政策都没有相应配套。另外，街道行政部门沿用的行政化控制手段，无法将辖区内社会力量和市场力量（例如各种社会组织、单位和企业的资源整合起来）为其所用。街道有事无权无资源，单打独斗，不堪重负，影响了街道管理的实际绩效。

由于街道负担过重，资源匮乏，自然将相当多的行政工作往下转移到居委会的身上。居民区层次承担过多的行政负担，从反恐到计划生育，从统战到公共安全，一切事务进社区。居委会和居民区党支部的人员素质、机构设置和工作机制，都无法适应来之上面千条线的工作。其次，居民区内辖区事务相对单一，治理范围受限，无法履行城市社会管理的重任。最后，由于居委会在法律上属于群众自治性组织，承担如此多的行政职能，必然遭人诟病。居委会过多承担国家控制的成本，又影响了居民对居委会的认同感，甚至有的地方业主不欢迎居委会设在本社区。

"二、三、四"模式下的城市社会管理存在着很大的难题。街道一级行政资源有限，无法在街道的范围内实施有效的社会管理。而居民区层次上又过多地承接了上面流下来的行政职能，群众自治组织地位的异化造成了居委会的运转不良和认同危机。在此情况下，社区管理的"网格"化试图寻找一个街居之间的新单元。最为常见的就是在街道和居民区之间，人为地划出若干个网格，在这些小单元中注入被条线分割的行政资源。另外，改革的设计者希望在管理网格中，通过各种手段，整合行政体制外的各种治理资源。例如单位、企业和个人的社会与市场的资源。在这一改革的逻辑中，网格中的行政体制内资源得到合理整合（解决条块矛盾），体制外的社会与市场资源也得到有效利用，各种管理信息互通，这些都有助于解决目前街居管理体制面临的问题。当然，逻辑上虽然如此，但是一旦付诸操作，就会碰到许许多多实际性的问题，如图7-2所示。

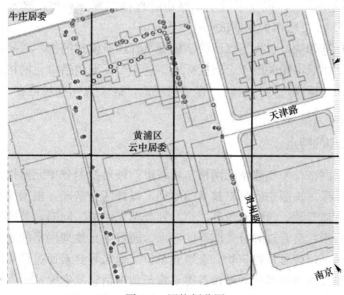

图7-2 网格划分图

7.1.3　网格化城市管理的发展历程

1. 东城区的创造性开始

针对我国城市管理中普遍存在的信息滞后、管理被动、管理部门职责不明、职能交叉、缺乏有效的监督和评价机制等情况，2004 年初，北京市东城区委区政府提出"依托数字城市技术创建城市管理新模式"的城市管理构想，以期全面提升东城区城市管理现代化水平。

该构想的主要思路是：运用"数字城市"相关理论和思想方法，依托较为成熟的信息技术，结合东城区城市管理的实际需求，细化城市管理单元，理顺工作机制，建立精确的控制网络和通畅的信息沟通渠道，对辖区进行及时、主动、高效的管理，使东城区的城市管理工作实现从被动应付到主动解决；从粗放管理到精确管理；从处理滞后到快速敏捷；从多头管理到统一管理；从单兵出击到协同作战，以及从冗员浪费到精简效能的转变。

北京市东城区需要依托于先进的 GIS 技术和快速灵活的移动通信网络，使上述构想尽快变为现实。

经过对东城区区政府城市管理创新思路的研究探讨，该项目相关专家认为，东城区新的城市管理构想具有很强的创新性，是电子政务领域的一次大胆尝试，意义重大。从 2004 年 5 月开始，"网格化城市管理信息平台及应用系统"项目紧锣密鼓地启动了。经过 5 个多月的艰苦努力，该项目顺利完成，并于 2004 年 10 月正式投入运转。此后，因其杰出的表现在我国城市管理领域引起了巨大反响。

该系统运行成功后，在国内外引起了重大反响，在一年多的时间里，东城区接待了中央、国务院、各部委、北京市以及外省市领导参观、视察 293 批次，4751 人次。新模式创始人、北京市东城区委书记陈平同志荣获"中国数字城市创新人物"的光荣称号。

2. 建设部制定标准并大力推广

召开现场会并确定第一批试点：2005 年 7 月，建设部召开了全国数字化城市管理现场会，探讨数字化城市建设，成立了数字化城市管理推广领导小组，确定上海、南京、杭州、扬州、烟台等 10 个城市为先期试点。

建设部制定标准和规范：为了保证数字化城市管理新模式的推广效果，在建设部主持下，编制了和数字化城市相关的 4 个行业标准。这 4 个标准包括单元网格划分与编码，管理部件和事件分类与编码，地理编码还有系统规范。这 4 个标准规范在 2005 年 8 月 1 日开始在全国实施。

7.1.4　网格化管理的特点

（1）采用空间网格技术创建单元网格。从城市管理角度划分单元网格，开辟了一个新的地理编码管理体系。按照空间网格技术的原理，以社区为基础，根据属地管理、地理布局、现状管理、方便管理、管理对象等原则，划分单元网格。同时，兼顾了建筑物、城市部件的完整性和便于社会管理和日常监督的考虑。通过单元地理网格的划分，将城市管理部件、道路、社区、门牌号、建筑物、企事业单位、地名等要素通过单元网格直接建立地理位置关系，使单元网格逐步成为城市各类要素与地理信息发生关系的重要编码基础。

（2）通过城市管理职责分层、分级，实现主动式城市管理模式。将市区划分为区、街道、社区和单元网格 4 个层次，明确每个层次城市管理的责任。通过分区即时监控，随时掌握城市的现状，及时处理城市管理中发生的问题，从而实现城市管理由被动向主动的转变，彻底解决城市管理中的被动、盲目管理问题。

（3）采用地理编码技术对城市部件实行分类、分项管理。通过普查将城市部件进行分类、分项处理之后，确定每个城市部件的地理编码并标注在地图上，全部纳入计算机管理。采用地理编码技术进行分类、分项处理，将城市管理内容全面细化，并且可以科学地确定相应的责任单位，实现城市管理由粗放向精确的转变，彻底改变城市管理对象不清、无序的现状。

（4）依托数字城市技术，创建全新的信息实时传递方式。将现代无线通信手段与信息技术全面应用于城市管理，整合信息资源，实现信息的快速传递与共享，是实现城市管理现代化的重要环节。通过无线网络技术与移动通信业务的有机结合，可以实现信息资源的全方位采集，以保证对城市实行全区域、全时段监控与管理。

（5）按照电子政务的要求，全面整合政府职能。按照监控、评价与管理分开的原则，组建城市管理指挥中心和城市管理监督中心，彻底解决城市管理工作中专业管理部门多头管理、职能交叉、职责不到位的现象。根据新模式运行与发展的变化，适时调整专业部门设置和职能，保证新模式的顺利运行和不断完善。

前北京市市政市容管理委员会科技处副处长宋刚认为，它的创新之处，有以下几点：

（1）城市管理监督中心和城市管理指挥中心两轴分立。互相制约、互相促进。这样的制度，有利于处理问题提高效率。

（2）实现了更小单元的管理。万米网格，比社区更小，责任也就更明确。

（3）实现了工作闭合的环节。发现问题-收集问题-问题立案-问题处理-问题反馈-结案，形成一个完整的工作流程，而且，建立了一套科学完善的监督评价体系。

（4）启用了移动的技术手段。基于无线网络，以手机为原型，为城市管理监督员对现场信息进行快速采集与传送。

（5）对井盖、电线杆等城市设施实现了数字编码，有利于城市部件管理。

7.2　虚拟城市

长期以来，城市规划人员的一个重要的工作就是进行各种设计或规划图的绘制，但是这些图纸并不能给人们提供一个直观的、富有真实感的场景。后来，人们虽然也使用纸板或木料来制作三维模型，以实现城市景观的三维可视化。但其制作的工作量巨大、费用昂贵、须具备较高的制作技巧，而且仅能从外围观看，无法进入，修改也很困难。鉴于以上原因，在计算机上建立三维虚拟城市成为必然。虚拟城市的建立能够全方位地、直观地给人们提供有关城市的各种具有真实感的场景信息，并可以以第一人称的身份进入城市，感受到与实地观察相似的真实感。虚拟城市的各种模型易于修改，而且可以实现城市信息的查询与分析功能。这些都是传统的方法所无法比拟的。自从第四次科技革命将电子信息、虚拟技术和电脑网络带进人类社会之后，特别是随着虚拟技术的日臻成熟和完善，人们便理所当然地把过去有的东西、未来可能有的东西以及新近设想的东西，通过将光、电、色、能、数与信息集于一体的高科技手段，一起都搬进一个新世界。很快类似虚拟空间、虚拟现实、虚拟地球、虚拟地理、虚拟大学、虚拟工场、虚拟人体、无边界国家等一类虚拟物或构造物便会喷涌而出，构成一个多姿多彩的虚拟世界。

7.2.1　定义

虚拟城市就是人类利用虚拟技术构建的最具规模的虚拟现实，主要指赛博空间和赛博时间中的城市，本质上是一种信息化城市。它能为现实城市创造更多的新空间，包括新的工业园、科技园、电子产业基地。在虚拟城市中，由于电子通信系统的发展，使人类日常生活发生许多质的改变。它将推动未来巨型城市的形成与发展，给人类创造更多、更美好的生存空间。

虚拟城市是数字地球、数字城市的外延。虚拟城市是综合运用 GIS、遥感、遥测、网络、多媒体及虚拟仿真等技术，对城市内的基础设施、功能机制进行自动采集、动态监测管理和辅助决策的数字化城市。

7.2.2　发展与特征

在这个虚拟世界和人类生存的现实中，人们最关心、因而也是最具规模、与人类的政治经济、科学文化最直接相关的虚拟现实，就是在与日俱增的都市化过程中形成的虚拟城市和边缘城市。现在不只是分散于美国、日本等发达国家的"科学城"具有虚拟城市的性质，就是原本那些古老的城市，诸如纽约、东京、伦敦、香港、大阪、巴黎、洛杉矶、旧金山、法兰克福等，也都由于包括金融、保险、地产、法律服务、广告、设计、行销、公共关系、安全、信息搜集、信息管理，以及科学技术的创新和开发等先进服务业的网络化、全球化，而失去传统城市的概念，转变为新型的全球性城市，即带有更多的虚拟城市的性质。那么究竟何谓虚拟城市？它是否未来城市发展的趋势？人类社会是否会在今后有越来越多的人生活在虚拟城市之中？下面将对这些问题展开论述。

所谓虚拟城市，即人类利用虚拟技术和丰富的想象力构建起来的最复杂的虚拟现实（Virtual Reality）和高度信息化、数字化、概念化与符号化的城市，通常具有如下特征：首先，虚拟城市主要是指塞博空间（Cyberspace）和塞博时间（Cyber-time）中的城市，而非自然时空中的城市。所谓塞博空间主要是一个概念空间（Conceptual Space），而不是一个现实空间或物理空间。因此，这种概念空间"显然不是由现实世界中一种同质性的空间（Homogeneous Space）组成的，而是指无数个迅速膨胀的和个性差异极大的空间。每一种空间都提供了一种不同的数字相互作用和数字通信的形式。"同样，塞博时间作为一种流动性的时间，也是一个概念时间，不是自然界中可以用秒、分、时、日等计时单位测量的时间，而是类似于海德格尔所谓的由"此在"感知和揭示的时间。它通常"绽露为此在的历史性"和"与烦相联系的日常性"。因此，虚拟城市的首要特征就是不仅没有城墙和护城河，也没有区界和固定的地理位置。这种以先进的电子通信系统作为支撑和运转机制的虚拟城市，可以让先进的服务业的区位散布全球。特别是随着"电子家庭的兴起"和"浮现中的市场"在世界范围内的迅速发展，地理空间中的城市和地区之间关系的重要性似乎在与日递减。因为，先进的电子技术可以容许任何意义上的办公机构和办公区位无所不在，可以让企事业总部离开那些租金昂贵、人口拥挤、污染严重、令人厌烦的商业中心区，而迁移到全球各地景色宜人、环境优美的基地。在那里，人们用高科技的手段和工具同样可以从事教育、文化活动，生产、经营和销售活动，以及其他各种人类实践活动。当然，这不是说，现实世界中的城市可以废弃不用。事实上，全世界各地的城市，除了在20世纪90年代初一度使得马德里、纽约、伦敦和巴黎等城市，引发了地产价格的急剧跌落，以及新建筑业的停顿外，到了20世纪90年代晚期，伦敦和纽约的房地产就有了明显的起色。因此，全球性的都市化和城市的虚拟化，并没有替代现实城市，相反由于空间分散与全球整合的结合，而为主要城市创造了一种新的策略性角色。在这些城市长期作为国际贸易与银行业务中心的历史之外，它们有了4种新运作方式：（1）成为世界经济组织里高度集中的发令点。（2）成为金融和专业服务公司的关键区位。（3）成为生产基地，包括主导产业的创新生产。（4）作为所生产之产品和创新的市场。因此，现代化的城市实质上都是现实城市与虚拟城市的结合，地理空间和虚拟空间的统一。虚拟城市作为对现实城市的补充形式，主要是更充分地利用、扩充和创造了地理空间或几何空间。

人类生存的空间，从古到今都在逐渐扩展着。古代是从森林→草原→沙漠→荒山→河流→海洋。20世纪以来，则是从地面到天空，从地球到月球和其他星球。而今，又从自然空间扩展到虚拟空间；从有距离空间扩展到零距离空间。虚拟城市就是一个零距离的城市，是一个集中于全球网之中的某个节点上的空间。它当然不能够完全离开现实的地理位置而单独存在，因为，它与现实世界固有着其实在性的联系。但是，即便就虚拟城市得以存在的节点的地理位置而论，也完全可以说它不属于任何一个现实城市，只是可以起到现实城市所起到以及所不能起到的作用。因此，虚拟城市是叠加于现实城市之上的城市，就像虚拟世界是可以叠加于每个人所生活于其中的那个现实世界之上的世界一样。而且这种叠加必将产生各方面的影响和作用。尽管现实城市作为经济交易中心的重要性不会消失，但是，随着国际市场即将来临的管制，经济游戏规则和操作者的不确定性的降低，信息其次，虚拟城市将为现实城市创造更多的新空间，包括新工业空间、新科技工业园、新的电子产业基地。比如，加州大学伯克利校区都市与区域发展研究所做的一项实验，就基本上确认了一种"新工业空间"的样貌。这种新工业空间的特征是：利用其技术和组织能力，先将生产过程分散到不同区位，再通过电子通信系统将其重新整合为一体，同时考虑具体的地理条件和环境特色，设计独特的劳动力类型和职业组成，形成产品开发、商品生产和销售的一条龙的工业基地。关于这种新工业空间的区位分工模式，基本上都是由那些难以忍受的拥挤城市或运转成本飞涨的区域，转向一些经济较不发达、劳动成本较低、发展环境较为宽松的地区。因为，在虚拟世界或虚拟空间中，不论其节点的地理位置在哪里，人们都能够将生产系统分散到类似的全球链接里。

新工业空间迅速扩张的典型事例，就是平地崛起于世界诸多发达国家的科技城。其中，最具代表性的就是美国的"硅谷"、南加州的科技城、北卡罗来纳的研究三角、西雅图，以及奥斯汀等地。这些区位都是集信息网络技术、知识创新和产业开发于一体的新型工业化和信息化城市。特别是斯坦福工业园区，不仅催生了硅谷，也使得整个新西部都会区成为世界上最大的高科技国防体。最后是各种社会网络都有力地凝聚了创新氛围及其动态，确保观念的沟通、劳动的循环，以及技术创新与企事业主义（Entrepreneurialism）的"异花受精"。在网络技术推动下，在全球与地区或城市之间建立起动态的新链接。因此，新工业空间本质上是由创新与制造的层级在全球网络中相互结合而组成；而且，总是随着信息的流动不断发生变动，不断创造全球产业的多重性，不断扩张新空间。在虚拟城市中，通过信息和网络技术，将原本的工业基地转变为制造业的流动（Manufacturing Flows），这是新空间的最重要价值和作用。

7.2.3　虚拟城市开发的基本原理

要建立虚拟城市，首先要建立三维城市模型。三维城市空间中的典型实体对象一般具有以下几种：城市中的各种建筑物、街道、绿地、公共场所、城市地形、树木等。除此以外，还有一些辅助性的设施，如消防栓、变电站、喷泉、公园的长椅等。这些模型的制作可以采用编程的方法或者现有的三维模型制作软件来完成。所谓编程的方法是在程序中利用三维空间中的坐标点和图形绘制函数来实现模型的建立，由于城市模型的造型十分复杂，因而很难确定模型的具体几何数据，此方法多用来制作地形模型，对于其他模型的制作则很少采用。制作城市模型的最好的方法是使用现有的成熟的三维设计软件，如：3DS MAX、TRUESPACE 等。

虚拟城市除了能实现城市信息的三维可视化外，其另一个重要的功能就是能实现城市专题信息的查询功能，甚至实现一定的分析功能。可以将虚拟城市定义为以下公式，式（7-1）：

$$虚拟城市 = 三维城市模型＋专题信息＋查询功能＋分析功能 \tag{7-1}$$

要实现一个虚拟城市系统可考虑以下 2 种方案：

一种方案是利用高级语言和三维图形开发库的方法，常用的开发语言是 C++，常用的图形开发库是 OpenGL 3D 或者 DirectX 3D。此方法的特点是开发的灵活性强、能实现功能复杂的应用系统。其缺点是开发者须熟练掌握编程技术，并且具备较高的计算机图形学知识。另外，还要学习 OpenGL 3D 或者 DirectX 3D 的复杂开发技术。此方案的实现难度大，一般用户根本无法胜任。其实现的应用系统也很难满足网上使用的要求。

第二种方案是使用专用的三维虚拟开发工具，目前广泛使用的是 VRML 语言。VRML 是虚拟现实造型语言（Virtual Reality Modeling Language）的简称，本质上是一种面向 Web，面向对象的三维造型语言，而且它是一种解释性语言。VRML 的对象称为结点，子结点的集合可以构成复杂的景物。结点可以通过实例得到复用，对它们赋以名字，进行定义后，即可建立动态的 VR（虚拟世界）。VRML 是一种描述交互式三维世界和对象的文件格式。VRML 允许描述对象并把对象组合到虚拟场景中，可以实现仿真系统，可模拟动画、具有动力学特性的物体。VRML 能构造一个全交互的世界，其中的对象能对外部事件做出响应，并可在其中任意穿行。另外，其重要特性是支持虚拟场景的网上发布，并可实现多用户的实时参与。VRML 比高级语言容易掌握，并且无须再去了解 OpenGL 3D 或者 DirectX 3D 之类的三维图形开发库，这对于普通用户来说无疑是一个福音。若配以 Java 程序的支持，也可实现功能较强大的系统。

7.2.4　虚拟城市服务城市规划管理

近年来，因新建建筑挡光而引起的纠纷时有发生，妨害方与受影响方的矛盾激烈。而通过数字系统，可以评估新建建筑是否会影响相邻建筑的采光，这样在建设之前就避免妨害采光权的发生。

目前，南宁市规划管理局已经投入使用的"城市形态控制与规划方案比较评估系统"

（简称"数字南宁"），便可以实现上述功能。该系统包含城市空间信息，将服务于整个南宁市的城市规划，普通市民也可以利用该系统作模拟观光。足不出户看遍南宁风景"简单地说，该系统就是一个虚拟的南宁市"。南宁市规划管理局规划信息技术中心的负责人说道，该系统通过三维建模构筑了一个立体的虚拟城市，因其制作精细，就像是把现实中的南宁市搬到了电脑里。

7.3 智慧城市

智慧城市是指充分借助物联网、传感网，涉及智能楼宇、智能家居、路网监控、智能医院、城市生命线管理、食品药品管理、票证管理、家庭护理、个人健康与数字生活等诸多领域。把握新一轮科技创新革命和信息产业浪潮的重大机遇，充分发挥信息通信（ICT）产业发达、RFID 相关技术领先、电信业务及信息化基础设施优良等优势，通过建设 ICT 基础设施、认证、安全等平台和示范工程，加快产业关键技术攻关，构建城市发展的智慧环境，形成基于海量信息和智能过滤处理的新的生活、产业发展、社会管理等模式，面向未来构建全新的城市形态，如图 7-3 所示。

图 7-3　智慧城市模拟图

7.3.1　概念的提出

2009 年 1 月 28 日，奥巴马就任美国总统后，与美国工商业领袖举行了一次圆桌会议。作为仅有的两名代表之一，IBM 前首席执行官彭明盛（Samuel Palmisano）在会上首次提出"智慧地球"（Smart Planet）这一概念，建议奥巴马政府投资新一代的智慧型信息基础设施。IBM 公司提出了"智慧地球"的理念后，引起了美国和全球的关注。"智慧城市"是"智慧地球"从理念到实际、落地具体城市的举措。

2009 年 9 月，美国迪比克市与 IBM 共同宣布，将建设美国第一个智慧城市。IBM 将采用一系列新技术武装的迪比克市，将其完全数字化并将城市的所有资源都连接起来，可以侦测、分析和整合各种数据，并智能化地响应市民的需求，降低城市的能耗和成本，更适合居住和商业的发展。

2009 年，正当中国提出 4 万亿投资应对金融危机时，智慧城市这个议题引起了国内社会各界的极大兴趣。IBM 公司抓住机遇，趁热打铁，在中国连续召开了 22 场智慧城市的讨论会，与超过 200 名市长以及近 2000 名城市政府官员交流。智慧城市的理念得到了广泛的认同，南京、沈阳、成都、昆山等国内许多城市已经与 IBM 进行了战略合作。为支持上海市政府举办世博会，IBM 早于 2008 年 9 月与上海世博局签署协议，成为中国 2010年上海世博会计算机系统与集成咨询服务高级赞助商。在随后近两年的时间里，IBM 整合全球资源，以"智慧城市"为核心理念，与世博局及相关客户和合作伙伴一起共同努力，积极支持，配合了世博会的建设工作。2010 年 9 月，IBM"智慧的城市"发布会在成都举行，IBM 公司提出"智慧城市"的概念和公布智慧的 12 个城市的软件解决方案。"智慧"

是"聪明"的策略，通过"智慧"软件解决方案，以帮助政府更高效施工方便信息网络系统。

IBM"智慧地球"战略的主要内容是把新一代 IT 技术充分运用在各行各业之中，即把感应器嵌入和装备到全球每个角落的医院、电网、铁路、桥梁、隧道、公路、建筑、供水系统、大坝、油气管道等各种物体中，通过互联形成"物联网"，而后通过超级计算机和云计算将物联网整合起来，人类能以更加精细和动态的方式管理生产和生活，从而达到全球"智慧"状态，最终形成"互联网＋物联网＝智慧的地球"。伴随着"智慧地球"概念的提出，IBM 相继推出了各种"智慧"解决方案，包括智慧的电力、智慧的医疗、智慧的交通、智慧的供应链、智慧的银行业等，其中智慧城市是 IBM"智慧地球"策略中的一个重要方面。

1. 智慧城市特征

在 IBM 的《智慧的城市在中国》白皮书中，基于新一代信息技术的应用，对智慧城市基本特征的界定是：全面物联、充分整合、激励创新、协同运作等 4 方面。即智能传感设备将城市公共设施物联成网，物联网与互联网系统完全对接融合，政府、企业在智慧基础设施之上进行科技和业务的创新应用，城市的各个关键系统和参与者进行和谐高效地协作。

全面物联：智能传感设备将城市公共设施物联成网，对城市运行的核心系统实时感测。

充分整合：物联网与互联网系统完全连接和融合，将数据整合为城市核心系统的运行全图，提供智慧的基础设施。

激励创新：鼓励政府、企业和个人在智慧基础设施之上进行科技和业务的创新应用，为城市提供源源不断的发展动力。

协同运作：基于智慧的基础设施，城市里的各个关键系统和参与者进行和谐高效地协作，达成城市运行的最佳状态。

《创新 2.0 视野下的智慧城市》强调智慧城市不仅强调物联网、云计算等新一代信息技术应用，更强调以人为本、协同、开放、用户参与的创新 2.0，将智慧城市定义为新一代信息技术支撑、知识社会下一代创新（创新 2.0）环境下的城市形态。智慧城市基于全面透彻的感知、宽带泛在互联以及智能融合的应用，构建有利于创新涌现的制度环境与生态，实现以用户创新、开放创新、大众创新、协同创新为特征的以人为本可持续创新，塑造城市公共价值并为生活其间的每一位市民创造独特价值，实现城市与区域可持续发展。因此，智慧城市的 4 大特征被总结为：全面透彻的感知、宽带泛在互联、智能融合的应用以及以人为本的可持续创新。亦有学者认为智慧城市应该体现在维也纳大学评价欧洲大中城市的 6 个指标，即智慧的经济、智慧的运输业、智慧的环境、智慧的居民、智慧的生活和智慧的管理 6 个方面。

智慧城市包含着智慧技术、智慧产业、智慧（应用）项目、智慧服务、智慧治理、智慧人文、智慧生活等内容。对智慧城市建设而言，智慧技术的创新和应用是手段和驱动力，智慧产业和智慧（应用）项目是载体，智慧服务、智慧治理、智慧人文和智慧生活是目标。具体说来，智慧（应用）项目体现在：智慧交通、智能电网、智慧物流、智慧医疗、智慧食品系统、智慧药品系统、智慧环保、智慧水资源管理、智慧气象、智慧企业、智慧银行、智慧政府、智慧家庭、智慧社区、智慧学校、智慧建筑、智能楼宇、智慧油田、智慧农业等诸多方面。

2. 从数字城市到智慧城市

新一代信息技术的发展使得城市形态在数字化基础上进一步实现智能化成为现实。依托物联网可实现智能化感知、识别、定位、跟踪和监管；借助云计算及智能分析技术可实现海量信息的处理和决策支持。同时，伴随知识社会环境下创新 2.0 形态的逐步展现，现代信息技术在对工业时代各类产业完成面向效率提升的数字化改造之后，逐步衍生出一些新的产业业态、组织形态，使人们对信息技术引领的创新形态演变、社会变革有了更真切的体会，对科技创新以人为本有了更深入的理解，对现代科技发展下的城市形态演化也有了新的认识。

研究机构对智慧城市的定义为：通过智能计算技术的应用，使得城市管理、教育、医疗、房地产、交通运输、公用事业和公众安全等城市组成的关键基础设施组件和服务更互联、高效和智能。从技术发展的视角，李德仁院士认为智慧城市是数字城市与物联网相结合的产物。胡小明则从城市资源观念演变的视角论述了数字城市相对应的信息资源、智能城市相对应的软件资源、网络城市相对应的组织资源之间的关系。值得关注的是，一些城市信息化建设的先行城市也越来越多的开始从以人为本的视角开展智慧城市的建设。如欧盟启动了面向知识社会创新 2.0 的 Living Lab 计划，致力于将城市打造成为开放创新空间，营造有利于创新涌现的城市生态。

对比数字城市和智慧城市，可以发现以下 6 方面的差异：

(1) 当数字城市通过城市地理空间信息与城市各方面信息的数字化在虚拟空间再现传统城市，智慧城市则注重在此基础上进一步利用传感技术、智能技术实现对城市运行状态的自动、实时、全面透彻的感知。

(2) 当数字城市通过城市各行业的信息化提高了各行业管理效率和服务质量，智慧城市则更强调从行业分割、相对封闭的信息化架构迈向作为复杂巨系统的开放、整合、协同的城市信息化架构，发挥城市信息化的整体效能。

(3) 当数字城市基于互联网形成初步的业务协同，智慧城市则更注重通过泛在网络、移动技术实现无所不在的互联和随时、随地、随身的智能融合服务。

(4) 当数字城市关注数据资源的生产、积累和应用，智慧城市更关注用户视角的服务设计和提供。

(5) 当数字城市更多注重利用信息技术实现城市各领域的信息化以提升社会生产效率，智慧城市则更强调人的主体地位，更强调开放创新空间的塑造及其间的市民参与、用户体验，及以人为本实现可持续创新。

(6) 当数字城市致力于通过信息化手段实现城市运行与发展各方面功能，提高城市运行效率，服务城市管理和发展，智慧城市则更强调通过政府、市场、社会各方力量的参与和协同实现城市公共价值塑造和独特价值创造。

智慧城市不但广泛采用物联网、云计算、人工智能、数据挖掘、知识管理、社交网络等技术工具，也注重用户参与、以人为本的创新 2.0 理念及其方法的应用，构建有利于创新涌现的制度环境，以实现智慧技术高度集成、智慧产业高端发展、智慧服务高效便民、以人为本持续创新，完成从数字城市向智慧城市的跃升。智慧城市将是创新 2.0 时代以人为本的可持续创新城市。

3. 智慧城市愿景

灵活：能够实时了解城市中发生的突发事件，并能适当即时地部署资源以做出响应。

便捷：远程访问"一站式"政府服务，可在线/通过手机支付账单、学习、购物、预订和进行交易。

安全：更好地进行监控，更有效地预防犯罪和开展调查。

高效：实现政府不同部门之间常规事务的整合以及与其他私营机构的协作，提高政府工作的透明度和效率。

7.3.2 智慧城市的架构

智慧城市的架构可以分为3层：信息采集层、运作操控层、领导决策支持层。

1. 信息采集层

利用视频监控、RFID技术、各种传感技术、进行城市各种数据和事件的实时测量、采集、事件收集、数据抓取和识别。

2. 运作操控层

对采集到的数据和事件信息进行加工处理后，按照工作流程建模编排、事件信息处理，自动选择应对措施、通知相关负责人、进行工作流程处理、历史信息保留及查询、网络设备监控等。

3. 领导决策支持层

城市管理者可进行多部门仿真演习、信息查询与监控、工作流程进度可视化监控、历史数据分析、相关专家协同分析、进行城市管理流程优化，为城市的智能化管理和各种突发事件的处理提供数据支持与经验分析。

7.3.3 智慧城市的主要应用功能

目前，智慧城市发展处于起步阶段，其主要应用功能包括：智能交通系统、智慧电网系统、智慧建筑系统、城市指挥中心、智慧医疗、城市公共安全、城市环境管理、政府公共服务平台等多个方面。

1. 智能交通系统

通过道路收费系统、多功能智能交通卡系统、数字化交通智能信息管理系统等多种模式的数据整合，提供基于交通预测的智能交通灯控制、交通疏导、出行提示、应急事件处理管理平台，帮助进行城市路网优化分析，为城市规划决策提供支持。

2. 智慧电网系统

以物理电网为基础（我国的智能电网是以特高压电网为骨干网架、各电压等级电网协调发展的坚强电网为基础），将现代先进的传感测量技术、通信技术、信息技术、计算机技术和控制技术与物理电网高度集成而形成的新型电网。

它以充分满足用户对电力的需求和优化资源配置、确保电力供应的安全性、可靠性和经济性、满足环保约束、保证电能质量、适应电力市场化发展等为目的，实现对用户可靠、经济、清洁、互动的电力供应和增值服务。

3. 智慧建筑系统

智能建筑是智能建筑技术和新兴信息技术相结合的产物，智能楼宇利用系统集成的方法，将智能型计算机技术、通信技术、信息技术与建筑艺术有机结合，通过对设备的自动监控，对信息资源的管理和对使用者的信息服务及其功能与建筑的优化组合，所获得的投资合理，适合信息社会需要，并且具有安全、高效、舒适、便利和灵活特点的建筑物。

4. 城市指挥中心

传统意义上的城市建设和治理通常是以单个部门为中心，关注各自孤立的目标而没有把对整个城市的影响进行全盘考虑。智慧城市是一个单一整体，同时又能拆分为许多互通互联的子系统。各子系统发送重要的事件消息给城市指挥中心，指挥中心有能力对这些事件进行协调处理和提供指导性的处理方案。

5. 智慧医疗

在城市"老年化"不断加剧的今天，社区远程医疗照顾系统能有效的节约社会资源，高效的服务于大众。电子健康档案系统和医疗公共服务平台的建立能解决目前突出的"看病难，看病贵"的医患矛盾。

6. 城市公共安全

利用现代信息技术，以互联网、无线通信技术为平台，以数字地理信息为基础，结合移动定位系统、数字通信技术和计算机软件平台，为城市管理者提供声、像、图、文字四位一体的城市数字化管理平台，实现针对城市部件的检查、报警、紧急事件处理、指挥调度、督察督办等功能。如：食品安全追溯、危险品安全处置、灾害预警与处理等。

7. 城市环境管理

对水、大气等与人类生活环境紧密相关的各种资源进行信息实时采集和监控，及时发现和处理各种污染事件产生。借助先进的数据挖掘、数学模型和系统仿真，提升环境管理决策水平。达到节能减排，同时提升经济效益和社会效益的目的。

8. 政府公共服务平台

通过电子政务，公共物流服务，公共交通信息服务等政府公共服务平台，改变"公告栏"式的政府网站，将其变成"服务型"的业务网站，树立服务型政府为民办事的形象。为市民提供各种咨询信息和服务，提高市民的生活质量和满意度。

7.3.4 智慧城市建设的作用

随着城市高速发展和城市化进程加快，我国城市经济增长和社会发展面临一系列问题。而在全球信息化趋势下应运而生的智慧城市建设，将会带动一大批具有广阔市场前景、资源消耗低、产业带动大、就业机会多、综合效益好的产业发展。我国智慧城市的建设将充分发挥产业辐射作用，服务于城市建设。

据世界银行测算：一个百万人口以上的"智慧城市"的建设，在投入不变的情况下，实施全方位的智慧管理，将能增加城市的发展红利2.5～3倍，这意味着"智慧城市"可促进实现4倍左右的可持续发展目标，并引领未来世界城市的发展方向。

基于"智慧＋互联＋协同"智慧城市概念的提出，是推进先进信息技术应用与全新城市运营理念的融合，从而推动城市规划建设上台阶，城市公共服务上水平，为创新城市运营模式提出新方法、新思路。智慧城市这一新思路的提出，不仅是对存在问题的小修小补，更是站在现代城市运营、"强市"持续发展的高度，对城市基础设施的前瞻布局，对先进技术和人才的战略投资，对更多服务型工作岗位、培育有竞争力的现代信息服务行业的创造，从而构建响应 21 世纪发展需求，实现城市经济与自然环境更加和谐、可持续发展的理想家园。

智慧城市是虚拟经济与实体经济相结合的产物，很有可能推动城市范围内生产、生活、管理方式和经济社会发展观发生前所未有的深刻变化，在很大程度上可以减少和节约城市中各种物质和能源的投入，减少资源和能源的消耗，减少城市环境污染，使市场配置资源的效果进一步改善，劳动生产率进一步提高，走出一条科技含量高、经济效益好、资源消耗低、环境污染少、人力资源优势得到充分发挥的全新发展形态的城市化道路。

智慧城市通过整合先进信息技术与先进管理理念，旨在实现城市管理、城市服务、城市运营的多赢。智慧城市在建设思路上，要充分发挥政府的主导与协调作用，以确保智慧城市建设的健康有序发展，从而实现：

（1）让信息成为运营城市的新资源。把开发支撑城市运转的信息资源作为首要任务，重点建设数字城市公共服务平台，使政府及社会的数据、信息、知识、能力、应用、服务等进行有机整合，实现城市在智能信息化的先机与主动权。

（2）为城市的未来战略投资。从城市发展战略的高度，对关系民生、关系城市可持续发展的核心领域进行有步骤、有重点的战略投资。抓紧时机经营好"城市企业"，练好内功，从管理系统论角度妥善处理好当前的交通问题、创/就业问题、公共卫生服务问题、节能减排问题。

（3）实现信息技术与城市运作的有机融合。智慧城市的建设要结合城市功能定位、产业布局、历史文化等特点，将政府信息化与社会信息化、企业信息化、家庭信息化等结合起来，实现城市数字化与管理、运营的有机融合。

（4）为城市培育新的服务业增长点。大力发展基于城市信息化的应用服务体系，探索投资小、产出高、可持续发展的城市公共服务平台建设与增值运营市场化运作模式，在政府管理、协调、监督下，形成良好的产业链与循环经济圈，实现智慧城市建设与现代信息服务业培育的良性互动。

建设智慧城市，有利于加快经济转型升级，有利于提升人民群众生活品质，有利于创新社会管理方式，有利于提高资源配置效率，是城市抢占未来制高点、争创发展新优势，把现代化城市建设全面推向新阶段的战略举措。智慧城市建设，将给城市带来"发展红利"。

7.3.5 智慧城市的发展前景

城市化进程的加快，使城市被赋予了前所未有的经济、政治和技术的权利，城市被无可避免地推到了世界舞台的中心，发挥着主导作用。与此同时，城市也面临着环境污染、交通堵塞、能源紧缺、住房不足、失业、疾病等方面的挑战。在新环境下，如何解决城市发展所带来的诸多问题，实现可持续发展成为城市规划建设的重要命题。在此背景下，"智慧城市"成为解决城市问题的一条可行道路，也是未来城市发展的趋势。智慧城市建设的大提速将带动地方经济的快速发展，也将带动卫星导航、物联网、智能交通、智能电网、云计算、软件服务等多行业的快速发展，为相关行业带来新的发展契机。我国智慧城市发展进入规模推广阶段。截至目前，我国已有多个城市提出建设智慧城市，预计总投资规模达1.1万亿元，撬动的经济规模更以万亿元计，新一轮产业机会即将到来。

国家鼓励开展应用模式创新，推进智慧城市建设。中国深圳市、昆明市、宁波市等多个城市与IBM签署战略合作协议，迈出了打造智慧城市的第一步。北京市拟在完成"数字北京"目标后发布"智能北京行动纲要"，上海市将智慧城市建设纳入"十二五"发展规划。此外，佛山市、武汉市、重庆市、成都市等都已纷纷启动"智慧城市"战略，相关规划、项目和活动渐次推出。国内优秀的智慧产业企业愈来愈重视对智慧城市的研究，特别是对智慧城市发展环境和趋势变化的深入研究。正因为如此，一大批国内优秀的智慧产业企业迅速崛起，逐渐成为智慧城市建设中的翘楚！

7.3.6 我国"智慧城市"建设战略

目前，上海、宁波、无锡、深圳、武汉、佛山等国内城市已纷纷启动"智慧城市"战略，相关规划、项目和活动渐次推出，进入了我国智慧城市的第一梯队。未来一段时间，智慧城市将持续成为全球城市发展的新热点，建设和发展智慧城市已蔚然成风，大势所趋。

为规范和推动智慧城市的健康发展，住房和城乡建设部启动了国家智慧城市试点工作。经过地方城市申报、省级住房和城乡建设主管部门初审、专家综合评审等程序，首批国家智慧城市试点共90个，其中地级市37个，区（县）50个，镇3个，试点城市将经过3~5年的创建期，住房和城乡建设部将组织评估，对评估通过的试点城市（区、镇）进行评定，评定等级由低到高分为一星、二星和三星。信息显示，国家发改委正着手起草智慧城市健康发展的指导意见，并研究在区域范围内启动智慧城市试点工作。三大运营商已经与300多个城市达成"智慧城市"战略合作协议。预计"十二五"期间，我国"智慧城市"投资总规模有望达5000亿元。

发展智慧城市，是我国促进城市高度信息化、网络化的重大举措和综合性措施。从设备厂商角度来说，光通信设备厂商、无线通信设备厂商将充分发挥所属技术领域的优势，将无线和有线充分进行融合，实现网络最优化配置，以加速推动智慧城市的发展进程。与之相对应的通信设备厂商、芯片厂商等将从中获得巨大收益。

我国"智慧城市"建设进入高峰期。快速的城市化进程推动着中国经济快速发展，但也使得城市面临着可持续发展问题。下一个阶段的"城镇化"建设需要走"精细化管理"的"新型城镇化"道路。因此"智慧城市"由此应运而生。"智慧城市"是指利用领先的信息技术，提高城市规划、建设、管理、服务的智能化水平，使城市运转更高效、更敏捷、更低碳，是信息时代城市发展的新模式。

随着国家智慧城市试点工作的推进和指标体系的逐步完善，也将规范和推动国内智慧城市的健康发展。一些城市将智慧城市建设当作数字城市的新包装，一些城市被企业营销牵着鼻子走，国内智慧城市虚火过旺和盲目贴标签的行为也广为诟病。国家智慧城市试点工作将在试点探索和指标体系的实施过程中，对国内智慧城市建设存在的诸多误区和认识进行矫正和澄清。必须认识到，智慧城市引领的新型城市化是对传统城市发展的扬弃，它是低碳、智慧、幸福及可持续发展的城市化，是以人为本、质量提升和智慧发展的城市化。智慧城市建设不可偏废或仅仅是强调技术应用而忽视社会经济层面的创新，智慧城市的试点也必将规范和推动智慧城市的健康发展,构筑创新 2.0 时代的城市新形态,引领中国特色的新型城市化之。

思考题

1. 什么是网格化管理,其特点是什么?
2. 虚拟城市的特征和开发基本原理?
3. 智慧城市的概念、特征和愿景是什么?
4. 智慧城市的主要应用功能是什么?
5. 智慧城市建设的作用是什么?
6. 数字城市与智慧城市有什么不同?

第8章 城市信息化管理工程实例

8.1 昆明综合地下管线信息管理系统

随着城市基础设施建设的发展，城市地下空间的规划利用变得越来越重要，作为城市重要基础设施的地下管线也越来越庞大、密集，其种类也越来越复杂。在全面查明、查清地下管线空间分布和属性情况的基础上，建立具有权威性、现势性的城市地下综合管网管理信息系统，集中管理城市地下管线综合数据库和专业管线数据库，将地下管线信息以数字的形式进行获取、存储、管理、分析、查询、输出、更新，建立公共数据交换服务平台，兼容原有专业管网系统的不同管网数据格式，实现地下管线数据的动态、集中式管理与分级更新机制，提高城市管理效率，为社会提供多元化的服务，为城市可持续发展及防灾减灾提供决策支持。

8.1.1 总体设计

1. 设计思路

系统整体按照 SOA 构架体系来设计，采用 C/S 与 B/S 结构相结合的组织模式，对于专业功能以 Web 服务（Web Service）方式实现，C/S 与 B/S 结构相结合的应用层实现与客户的交互界面，通过对服务器端 Web 服务的调用实现专业功能。

Web 服务：提供基本的逻辑应用功能和地图服务，逻辑应用功能主要面向昆明市城市综合地下管线各应用系统的调用，地图服务除了供管线系统使用外，主要向外部应用程序提供访问接口。

C/S 部分：提供数据输入输出、数据管理、地图管理与编辑、数据更新、信息查询、数据统计、安全管理、接口管理、打印出图等功能。C/S 主要通过局域网及专网实现信息共享，满足地下管线的管理维护工作。

B/S 部分：提供地图管理、信息查询、数据统计、空间分析、规划设计、报表输出、打印输出、工程实用工具等实用功能。B/S 结构主要通过互联网实现信息的共享，可以通过 Web 快速地浏览各种地下管线信息，进行管网的规划设计工作；各管线权属单位可以通过 Web 来查询浏览自己所辖的管线设施，提交新的管线资料；各政府部门及社会公众可以通过 Internet 浏览相关数据。

建立标准的三层体系结构，包括：数据层、逻辑层和应用层三个不同的应用层次，如图 8-1 所示。

数据层：采用 Oracle 关系型数据库系统，实现昆明市综合地下管线信息管理系统元数据、基础地形数据、综合管线数据、影像数据及规划数据的高效存储和管理。采用 ArcSDE 空间数据引擎，实现数据库系统业务逻辑，如空间数据的存取、表现和操作等。

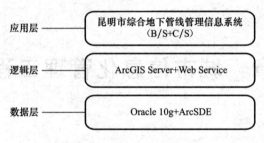

图 8-1　系统层次结构图

逻辑层：采用 ArcGIS Server 为基础，开发 Web 应用和 Web 服务。

应用层：开发昆明市综合地下管线信息管理系统，满足昆明市各管线权属单位、政府机关等的日常工作的应用要求。

2. 系统体系结构

系统采用 Arcgis Server 9.2 为 GIS 平台，Oracle 10g 为数据库服务器，利用 Web 服务（Web Service）技术，实现对昆明市管线数据、地形数据的显示、查询、统计、分析、更新、服务等功能，提供对昆明市地下管线数据、地形数据、影像数据的管理，并提供对外服务的功能，为昆明市城市管理工作提供软件支撑。系统总体结构图，如图 8-2 所示。其中：

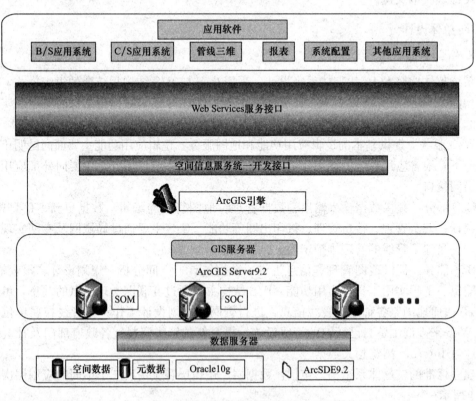

图 8-2　系统总体结构图

数据服务器：为系统提供基本的数据服务，包括元数据服务和空间数据服务。

GIS 服务器：提供底层 GIS 管理服务，实现对图形数据的发布、访问。

统一开发接口层：在 ArcGIS Server 开发接口之上封装一套统一开发接口，实现对 ArcGIS Server 的底层访问，提供精细化的功能实现，供 Web 服务调用。

Web 服务接口层：实现 B/S 所用功能和 C/S 中非图形操作专业功能的网络模块划分，提供具体功能的表现接口，供 B/S 功能实现和 C/S 中非图形操作功能调用，此层以统一开发接口层为基础组合封装。

应用层：此层是昆明市综合地下管线信息管理系统主要应用模块，面向大部分用户，通过浏览器或者桌面来访问昆明市地下管线数据，进行查询、统计、分析等工作。

3. 系统开发结构

为了满足整个软件体系的建设，系统开发分为以下层次设计，如图 8-3 所示：

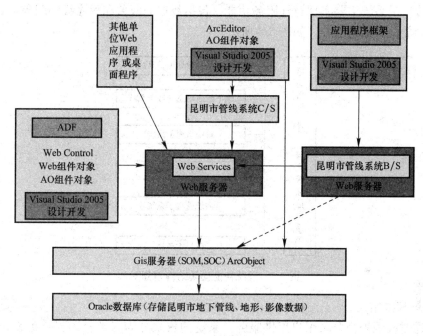

图 8-3　系统构架图

（1）GIS 服务器设计部署，安装并配置 ArcGis Server。

（2）配置 Web 服务器，提供网络浏览服务器，并作为昆明市综合地下管线信息管理系统 B/S 应用程序的容器，同时作为 Web Service 的发布平台，此部分使用微软的 IIS。

（3）Web Service 设计与开发，作为应用程序组件，此部分使用 Visual Studio 2005 为开发工具，C♯语言，结合 ArcGis Server 的 ADF 进行开发设计。

（4）昆明市综合地下管线信息管理系统（B/S）系统开发设计，此部分作为与用户的交互界面，提供了应用所需的大部分功能，使用 Visual Studio 2005 开发工具，C♯语言，结合 ArcGis Server 的 ADF 进行开发设计，运行于 Web 服务器上。

（5）昆明市综合地下管线信息管理系统（C/S）系统开发设计，此部分作为对数据管理维护的主要工具，使用 Visual Studio 2005 为开发工具，C♯语言，在 ArcEditor 下进行开发，开发模式选择插件式设计扩展。

4. 系统功能模块划分

系统按照所实现功能的类别，划分为 6 个子系统，分别为数据批量处理子系统、地下管线动态管理子系统、管线报表子系统、三维显示子系统、系统管理子系统和接口子系统。

（1）数据批量处理子系统完成对于入库前数据的检查、处理，保证要进入系统的数据的完整性和正确性。

（2）地下管线动态管理子系统实现对昆明市地下管线数据的查询、浏览、统计、分析、更新、维护等功能。

（3）管线报表子系统实现各种所需类型的成果报表。

（4）三维显示子系统实现地上、地下管线和地形地物的三维显示。

（5）系统管理子系统主要负责对系统的维护，管理元数据。

（6）接口子系统主要实现对外服务功能，包括数据的服务和程序级的服务。

系统功能模块结构划分，如图 8-4 所示。

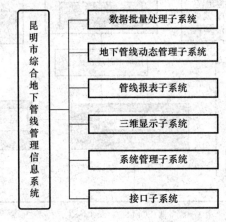

图 8-4　系统功能模块结构划分图

5. 系统权限结构

系统通过权限来为登录用户提供服务，系统的权限分为三类权限：一类系统级权限，对系统开发提供访问授权，允许系统访问数据库和服务器。二类权限为用户级别权限，用户级别权限提供由管理系统可限定的访问授权。三类权限为 Web 服务访问权限，通过权限限定了用户可以使用哪些 Web 服务方法。

6. 配置结构

系统从外部展现界面到功能调用实现上都进行配置开发，允许在不改变代码的情况下来自定义用户功能界面、自定义功能所对应数据库结构。配置包括系统功能配置，用户权限配置，用户界面配置，Web 服务配置。

系统功能配置：系统功能配置是从系统开发层上进行配置，对于所实现的功能要以元数据的方式进行参数设置，通过配置元数据来适应数据结构、内容的变化。对于将来数据结构调整后，可以方便地进行配置迁移。

用户权限配置：权限配置是从应用层上进行设计，包括功能权限的设置、可访问数据类型权限的设置、数据内容的权限、数据范围的权限。用户功能权限设置可以设置用户可以使用系统提供的哪些功能；可访问数据类型权限设置限定用户可以访问数据源中的图层；数据内容权限限定用户对于可访问数据类型中特定字段的访问；数据范围可以为特定用户定义允许访问的数据的范围。

用户界面配置：用户界面设置可以根据用户来设定用户可以加载的功能，不同的用户登录系统后所看到的功能菜单内容不同。

Web 服务配置：允许用户使用系统所提供的特定 Web Service 方法。

8.1.2　数据库设计

系统数据库主要包括地形图数据，城市基础索引数据，地下管线数据，正射影像。城市地下管线数据是描述城市地下管线现状分布及空间数据的数据，同时还包括地下管线的历史数据库，见表 8-1 所示。

数据库分类表

表 8-1

大　类	细　类	备　注
管线数据库	管点表	存储管线点信息
	管线表	存储管线信息
	管点注记表	存储管点的标注信息
	管线注记表	存储管线的标注信息
	管线辅助线表	存储管线的辅助线信息
地形图数据库	地形点表	存储各类地形信息中的点状要素
	地形线表	存储各类地形信息中的线状要素
	地形面表	存储各类地形信息中的面状要素
	地形注记表	存储各类地形注记信息
索引数据库	道路索引	存储城市道路索引图信息
	图幅索引	存储城市图幅接合表信息
	注记索引	存储城市注记索引信息
历史数据库	管线历史库	记录历史管线

1. 数据库设计思想

本次设计的主导思想是：利用 Oracle Spatial 提供的全新的空间数据存储能力及 ArcSDE 对空间数据的管理分析能力，对系统所用到的地形、管线数据进行存储管理，利用 C♯ 结合 ArcGIS Server 及 ArcEditor 提供的二次开发组件作为开发平台，坚持实用性、先进性、扩充性的设计原则，建立一个开放的、灵活的综合管线数据库，保证建成数据库可以支持其他系统如专业管网地理信息系统等的正常运转，并且可以为政府其他行政部门及商业应用提供不同数据格式的数字化管线图数据。

2. 数据库设计要求

综合管线数据库用来一体化地存储和管理昆明市综合管线空间数据及属性数据，其数据结构和数据库设计要求如下：

（1）图形数据存储在 Oracle Spatial 中，通过 ArcSDE 来调用和管理。

（2）在满足既定规范的情况下设计结构尽量简洁明了。

（3）统一考虑各项数据的组织关系和存储模式（包括管线空间数据和属性数据，管线显示风格等的配置数据，管线数据与元数据，管线数据与基础地理数据及框架数据等的关系和储存）。

（4）实现数据内容和配置数据的分离（配置数据主要指数据管理、显示等的控制性数据）。

（5）数据结构合理，易于数据迁移。

（6）方便历史数据的管理。

3. 管线数据库结构设计

地下管线类别众多，在数据库中按照大类和小类进行分层和编码，见表8-2所示。根据不同管线空间要素的特点，对其进行分类命名，具体的分类及其命名方式，见表8-3所示。每类管线都是有管线点库和管线线库组成，其结构设计见表8-4和表8-5。

管线的类别代码表   表8-2

管线大类		管线小类	
种类	代码	种类	代码
给水	JS	原水	RW
		输配水	SP
排水	PS	雨污合流	HS
		雨水	YS
		污水	WS
电力	DL	供电	GD
		输电	SD
		发电	FD
		路灯	LD
		交通信号	XH
		直流专用线路	ZX
燃气	RQ	煤气	MQ
		液化气	YH
		天然气	TR
通信	TX	中国电信	DX
		中国网通	WT
		中国移动	YD
		中国联通	LT
		中国铁通	TT
		有线电视	DS/SG
		广播	GB
		军用	JY
		保密	BM
工业	GY	氢气	QQ
		氧气	YY
		乙炔	YQ
		石油	SY
热力	RL	蒸汽	ZQ
		热水	RS
不明管线	NP	不明管线	NP
综合管沟	ZH	综合管沟	ZH

管线要素分类及命名方式　　　　　　　　　　　　　　表 8-3

类别	命名规则		
	现状数据	规划设计数据	历史数据
点表	管类码＋L	管类码＋L＿DES	管类码＋L＿HIS
线表	管类码＋P	管类码＋P＿DES	管类码＋P＿HIS
辅助点	管类码＋AP	管类码＋AP＿DES	管类码＋AP＿HIS
辅助线	管类码＋AL	管类码＋AL＿DES	管类码＋AL＿HIS
点注记	管类码＋T	管类码＋T＿DES	管类码＋T＿HIS
线注记	管类码＋M	管类码＋M＿DES	管类码＋M＿HIS

管线点库结构　　　　　　　　　　　　　　表 8-4

序 号	字段名称	类 型	宽 度	小数位	说 明	备 注
1	Prj＿No	Char	10	—	普查测区的编号或竣工项目的编号	必填
2	Map＿No	Char	5	—	图上点号	必填
3	Exp＿No	Char	11	—	管线点编号	必填
4	PLType	Char	4	—	管线点类别	必填
5	X	Number	11	3	X 坐标，单位 m	必填
6	Y	Number	11	3	Y 坐标，单位 m	必填
7	High	Number	8	2	地面高程，单位 m	必填
8	Offset	Char	11	—	管偏井的点号	
9	Rotation	Number	8	4	旋转角，单位弧度	必填
10	PCode	Char	4	—	管线点代码	必填
11	Feature	Varchar2	20	—	特征	—
12	Subsid	Varchar2	20	—	附属物	—
13	SurfBldg	Varchar2	20	—	地面建（构）筑物	—
14	FeaMaterial	Varchar2	10	—	特征点材质	—
15	Spec	Varchar2	20	—	配件规格	—
16	Model	Varchar2	20	—	类型	—
17	InterfaceType	Varchar2	20	—	接口方式	—
18	WellDeep	Number	5	2	井底深，单位 m	—
19	WellShape	Varchar2	8	—	井盖形状	—
20	WellMaterial	Varchar2	10	—	井盖材质	—
21	WellSize	Varchar2	20	—	井盖尺寸，单位 mm	—
22	Address	Varchar2	80	—	管线点地址（道路名称）	—
23	RoadCode	Char	6	—	所在道路的编码	—
24	Belong	Varchar2	10	—	权属单位代码	必填
25	MDate	Date		—	埋设日期	必填
26	MapCode	Char	7	—	图幅号	必填，考虑＋＼－情况
27	SUnit	Char	4	—	探测单位代码	必填
28	SDate	Date		—	探测日期	必填
29	PNote	Varchar2	100	—	备注	—
30	MediaID	Number	10	—	多媒体编号	—
31	SHAPE		MDSYS．SDO＿GEOMETRY			

注：地下建构筑物的中心点信息需要记录在此表中，而其边界点不在此表中记录。

管线线库结构　　　　　　　　　　　　　　　　　　　　表 8-5

序　号	字段名称	类　型	宽度	小数位	说　明	备注
1	Prj_No	Char	10	—	普查测区编号或竣工项目编号	必填
2	S_Exp	Char	11	—	起点管线点号	必填
3	S_Deep	Number	5	2	起点管线埋深，单位 m	必填
4	E_Exp	Char	11	—	下一点管线点号	必填
5	E_Deep	Number	5	2	下一点管线埋深，单位 m	必填
6	PLType	Char	4	—	管线种类	必填
7	LCode	Char	4	—	管线代码	必填
8	Material	Varchar2	10	—	材质（管、沟、块）	必填
9	InterfaceType	Varchar2	20	—	接口方式	—
10	PSize	Varchar2	20	—	管径或断面尺寸，单位 mm	—
11	Address	Varchar2	80	—	管线段地址（道路名称）	—
12	RoadCode	Char	6	—	所在的道路编码	—
13	EmBed	Varchar2	8	—	埋设方式	必填
14	MDate	Date	—	—	埋设日期	必填
15	Belong	Varchar2	10	—	权属单位代码	必填
16	SUnit	Char	4	—	探测单位代码	必填
17	SDate	Date	—	—	探测日期	必填
18	PLNote	Varchar2	100	—	备注	—
19	LNo	Char	8	—	管线段编号	必填
20	MediaID	Number	10	—	多媒体编号	—
21	SHAPE				MDSYS.SDO_GEOMETRY	

4. 数据库安全性设计

（1）系统安全

数据安全：由系统管理员定期将数据备份到磁光盘等外部存储介质，可采用手工备份或使用自动备份软件 2 种方式。

软件安全：本系统软件安装在客户机上。系统提供安装程序作为软件系统的恢复工具，由系统管理员负责维护。

（2）数据保密

保密分级：根据对数据控制的程度，我们将数据保密等级分为以下三个级别。

一级：通过应用程序控制数据操作，在本系统操作环境内，可防止用户对数据的破坏，也可防止数据流失。但在本系统操作范围之外不能防止用户使用文件操作等方式拷贝数据，是最低等级的保密。

二级：通过网络共享权限控制数据操作，可以防止对计算机知识不够熟悉的用户对数据的破坏，但不能根本防止数据流失。

三级：通过数据库权限设置，限制数据操作，可防止计算机知识熟练的用户对数据的破坏，并可防止数据流失，是较高等级的保密。

3 个方案都可以把图形数据和属性数据都存储在 Oracle 中，数据的安全、读写锁定等功能由 Oracle 系统进行统一的管理，能对所有数据实现三级保密。若采用方案 2，并把图形数据存储在磁盘文件中，则图形数据只能实现二级保密。

5. 数据库扩展性设计

建成的综合管线数据库应该有极大的灵活性，能够让用户以后进行数据库的扩展。主要包括以下几个方面的扩展：数据库类别的扩充、数据结构的扩展。

（1）数据库类别的扩充

数据库类别的扩充允许用户自己扩展系统要管理的图形类型，可以增加新的图层类别，并加入新的图层。丰富系统管理的数据内容，增加系统管理数据的灵活性。

（2）数据库结构的扩展

用户可以自己扩充图层的结构，随着工作的开展，有时需要为图形对象增加新的结构字段，通过此功能可以完成结构的扩展。

6. 历史数据库管理与更新

综合管线数据库是具有时态性的，数据库中的数据修改后，原来的数据要保留入历史库中，整个数据库以时间为主线记录了空间数据的变化情况，因而是一个可以进行历史回溯的数据库系统。

版本管理的设计主要就是为了方便用户可以自如的浏览历史数据，同时还可以对数据库中存在的时间点做合并或者是删除的维护。

（1）版本的删除

清除用户指定某一时刻的历史数据。

（2）版本的合并

将用户指定的某几个历史时刻的数据合并成为一个版本。

（3）版本的回溯

将图面显示的数据回溯到用户指定的一个时刻点。

（4）清空版本

将数据库中该图层所有历史的和现状的实体全部清空。

8.1.3 功能设计

1. 数据批量处理子系统

▱数据录入——管线原始数据的快速修改录入，以及建立新的管线数据库。

▱管线成图——进行管线成图操作，绘制边界，旋转符号。

▱编辑整饰——对管线，管点，注记的信息进行添加修改。

▱查询分析——对管线，管点的信息进行查询，以及剖面的分析功能。

▱检查统计——对管线和图形数据进行检查和统计。

▱数据处理——对管线数据的不同侧区进行修改结合，对 CAD 数据进行提取，并且在图上提取管点，管线等属性信息。

▱数据更新——对管线进行更新操作。

▱设置——方便灵活的系统功能与图形设置。

2. 地下管线动态管理子系统

（1）系统登录。主要完成下列工作：

1）用户的登录信息验证。

2）数据库的连接。

3）用户权限分配。

4）系统启动界面。

5）SDE 的连接。

6）索引图形的加载。

7）主窗口的显示。

（2）视图操作。功能划分，见表 8-6 所示（注：CS 代表 C/S 的开发模式，BS 代表 B/S 的开发模式，CS/BS 代表采用 C/S 和 B/S 的混合模式）。

视图功能列表　　　　　　　　　　　　　　　表 8-6

功　能	描　述	说　明
放大地图	用户对地图进行点击，并随点击地图逐步放大，也可在地图上进行鼠标拉框操作，使地图放大到矩形框的范围	CS/BS
缩小地图	用户对地图进行点击，并随点击地图逐步缩小	CS/BS
逐级放大	用户点击按钮，同时地图随用户的点击而逐级放大	CS/BS
逐级缩小	用户点击按钮，同时地图随用户的点击而逐级缩小	CS/BS
漫游地图	可对地图进行任意漫游拖动	CS/BS
全图显示	用户点击该按钮实现地图的全部显示	CS/BS
初始显示	使地图回复到系统刚启动时的地图范围	CS/BS
地图居中	以任意鼠标点击点为中心居中定位地图	CS/BS
自定义视图	由用户输入坐标和范围宽度来自动显示地图	CS/BS
比例尺显示、指北针	动态显示任意时刻的当前地图比例、指北针	CS/BS
箭头工具	点击该按钮后，将取消所有操作，返回初始状态	CS/BS
前一视图、后一视图	能够对用户浏览过的地图界面进行快速的回放	CS/BS
鹰眼导航	提供全局的快速图形导航	CS/BS
地图刷新	点击该按钮后地图将进行刷新	CS/BS
放大镜	提供对局部图形临时放大的功能，便于动态查看图形	CS/BS
旋转视图	对显示图形提供旋转功能	CS/BS

（3）图层控制。功能划分，见表 8-7 所示。

图层控制功能列表　　　　　　　　　　　　　表 8-7

功　能	描　述	说　明
图层分类	管线按大类及子类，地形按照国家标准进行分类控制。方便用户操作	CS/BS
图层配置	用户可以在图层控制窗体中，根据需要加载/卸载用户可浏览的图层，并可定制图层过滤器	CS/BS
可见/不可见	用户可以在图层控制窗体中，根据需要设置可浏览图层的显示/不显示	CS/BS
设置显示比例	用户可以根据需要设置可浏览图层的最大显示比例和最小显示比例，以提高数据浏览的效率	CS/BS
定位/不可定位	设置该图层是否可以定位图形进行查询	CS/BS
依比例尺/不依比例尺	设置图层是否可以依比例尺来显示图形，视野过滤是否可用	CS/BS

（4）文件操作。功能划分，见表 8-8 所示。

文件操作功能列表　　　　　　　　　　　　　表 8-8

功　　能	描　　述	说　明
登录服务器	重新登录服务器	CS/BS
打开地图文档	打开 mxd 格式地图数据	CS
加载矢量数据	可以加载 shp、CAD 格式	CS
加载栅格数据	可以加载 JPG、GIF、TIF、BMP 格式的栅格数据	CS
全部关闭	关闭当前地图	CS/BS
保存工作空间	对用户当前操作的地图及内容进行操作，包括保存、另存、打开、输出 PDF 等	CS
打开工作空间		
另存工作空间		
关闭工作空间		
输出工作空间		
退出系统	退出系统	CS/BS

（5）地图定位。功能划分见表 8-9 所示。

地图定位功能列表　　　　　　　　　　　　　表 8-9

功　　能	描　　述	说　明
按图幅定位	输入图幅号或通过选择索引图幅，使地图定位到该图幅处显示	CS/BS
按坐标定位	输入坐标确定位置使地图定位到该处显示	CS/BS
按道路定位	输入或选择道路名称使地图定位到该道路显示	CS/BS
交叉口定位	输入或选择两条相交道路，使地图定位到道路交叉口处显示	CS/BS
按地名定位	输入或选择地名使地图定位到该地显示	CS/BS
按管线工程定位	输入管线工程的名称、编号等信息定位该管线工程工作范围位置	CS/BS

（6）信息查询。功能划分，见表 8-10 所示。

信息查询功能列表　　　　　　　　　　　　　表 8-10

功　　能	描　　述	说　明
点击查询	用户利用该工具鼠标点击地图中的某个图形要素，系统弹出信息浏览窗口显示被选中图元的属性和多媒体信息	CS/BS
拉线查询	用户利用该工具在地图中拉一条线，地图中被该线穿过的所有图形处于选中状态，系统弹出信息浏览窗口显示被选中图元的属性和多媒体信息	CS/BS
矩形查询	用户利用该工具在地图中拉一个矩形框，地图中所有处于框中或与框相交的图形处于选中状态，系统弹出信息浏览窗口显示被选中图元的属性和多媒体信息	CS/BS
多边形查询	用户利用该工具在地图中画一个多边形框，地图中所有处于多边形中或与多边形相交的图形处于选中状态，系统弹出信息浏览窗口显示被选中图元的属性和多媒体信息	CS/BS
圆形查询	用户用该工具在地图中画一个圆形，地图中所有处于圆形中或与圆形相交的图形处于选中状态，系统弹出信息浏览窗口显示被选中图元的属性和多媒体信息	CS/BS
清除选择	用户点击该按钮取消被选图元的选中状态	CS/BS

功　能	描　述	说　明
简单条件查询	首先将地图中存在的所有管线种类和管点种类以及各自的属性在查询窗口中列出，由用户选择其中的一种管线或管点并选择其中的一个属性，系统根据用户的选择列出此类管线或管点所拥有的此属性值的分类，并由用户选择或输入一种，点击查询后主地图中拥有此种属性值的管线或管点处于选中状态，并弹出信息浏览窗口与用户交互	CS/BS
复合条件查询	以"简单条件查询"为基础，加入可由用户确定多种管线或管点种类和多条查询条件	CS/BS
模糊内容查询	以"简单条件查询"为基础，字段可填入模糊记忆中的值	CS/BS
区域内条件查询	由用户首先在地图上确定查询范围，然后通过条件输入窗口确定查询条件，查询范围内满足条件的管线或管点	CS/BS
查询多媒体信息	用户可以利用该功能方便地浏览该地物存在数据库 Oracle 中的多媒体信息（包括图片、视频）	CS/BS
空间查询	根据选定坐标中心或者实体对象，输入缓冲区大小，查询，查询缓冲区范围内容管线信息	CS/BS

（7）定制查询。功能划分，见表 8-11 所示。

定制查询功能列表　　　　　　　　　　　　　　　　　　　表 8-11

功　能	描　述	说　明
管线材质查询	此功能通过配置生成，通过元数据配置此功能所需关键参数。首先将地图中存在的所有管线种类在查询窗口中列出，由用户选择其中的一种或几种，系统根据用户的选择列出此类管线所拥有的所有材质种类，并由用户选择或输入一种，点击查询后主地图中拥有此种材质的管线处于选中状态，弹出信息浏览窗口与用户交互	CS/BS
管线管径查询	实现思路同"按管线材质查询"	CS/BS
建设年代查询	实现思路同"按管线材质查询"	CS/BS
权属单位查询	实现思路同"按管线材质查询"	CS/BS
所在道路查询	实现思路同"按管线材质查询"	CS/BS

（8）数据统计。功能划分，见表 8-12 所示。

数据统计功能列表　　　　　　　　　　　　　　　　　　　表 8-12

功能	描述	说明
管线长度统计	首先将地图中存在的所有管线类型在统计窗口中列出，由用户选择一种或几种管线，系统将对这种或几种管线进行长度和段数的统计，并根据管线的某个属性值进行分类和汇总。统计结果能以报表和图表的形式体现和输出	CS/BS
管点数量统计	首先将地图中存在的所有管点类型在统计窗口中列出，由用户选择一种或几种管点，系统将对这种或几种管点进行数量的统计，并根据管点的某个属性值进行分类和汇总。统计结果能以报表和图表的形式体现和输出	CS/BS
管线分类统计	首先将地图中存在的所有管线类型在统计窗口中列出，由用户选择一种或几种管线，并选择该管线中的某个或某几个属性，系统将对这种或几种管线进行分类统计，统计出段数和长度。统计结果能以报表和图表的形式体现和输出	CS/BS

功能	描述	说明
管点分类统计	首先将地图中存在的所有管点类型在统计窗口中列出，由用户选择一种或几种管点，并选择该管点中的某个某几个属性，系统将对这种或几种管点以该属性进行分类统计，统计出数量。统计结果能以报表和图表的形式体现和输出	CS/BS
范围统计	首先由用户地图上划定多边形范围，然后弹出范围统计窗口，窗口中列出地图中存在的所有管线类型和所有管点类型，由用户选择要统计的管线和管点类型，系统将所选管线和管点进行统计，统计内容同其他统计。统计结果能以报表和图表的形式体现和输出	CS/BS
按管线材质统计	首先将地图中存在的所有管线种类在统计窗口中列出，由用户选择其中的一种或几种，系统根据用户的选择列出此类管线所拥有的所有材质种类，并由用户选择或输入一种进行统计。统计结果能以报表和图表的形式体现和输出	CS/BS
按管线管径统计	实现思路同"按管线材质统计"	CS/BS
按建设年代统计	实现思路同"按管线材质统计"	CS/BS
按权属单位统计	实现思路同"按管线材质统计"	CS/BS
按所在道路统计	实现思路同"按管线材质统计"	CS/BS
简单条件统计	首先将地图中存在的所有管线种类和管点种类以及各自的属性在统计窗口中列出，由用户选择其中的一种管线或管点并选择其中的一个属性，系统根据用户的选择列出此类管线或管点所拥有的此属性值的分类，并由用户选择或输入一种，点击统计后系统会自动进行统计，统计内容同管线长度统计和管点数量统计	CS/BS
复合条件统计	以"简单条件统计"为基础，用户确定多种管线或管点种类和多条统计条件	CS/BS
模糊内容统计	以"简单条件统计"为基础，字段可填入模糊记忆中的值	CS/BS
区域内管线长度统计	首先由用户在地图上确定一个范围，然后系统能自动计算出该范围内存在的管线种类，用户可以选择一种或多种进行统计，得出该类管线在范围内的长度。统计结果能以报表和图表的形式体现和输出	CS/BS
区域内管点数量统计	实现思路同"区域内管线长度统计"	CS/BS
区域内条件统计	首先由用户在地图上确定一个范围，然后系统能自动计算出该范围内存在的管线种类，用户可以选择一种或多种并确定条件进行统计，得出满足该条件的该类管线在范围内的长度。统计结果能以报表和图表的形式体现和输出	CS/BS

（9）决策分析。功能划分，见表 8-13 所示。

决策分析功能列表 表 8-13

功 能	描 述	说 明
横剖面分析	用户在地图上绘制一条与任意管线相交的线，把这条线作为横断线，计算横断线与各管线交点处的空间和属性信息（如距离横断线起点的距离、地面高程、管顶高程、管线类型、管径等），并在一个新地图上以横剖图的形式来体现这些信息，若横断线与道路边线或房屋边线相交，还应计算并将路涯线和房屋边线体现在横剖图上。横剖图能实现一些诸如缩放、全显、打印等基本的地图操作	CS/BS
纵剖面分析	用户首先选中一条管线或多条连续管线，系统会计算选中个管段两端的空间属性，并在一个新地图上以纵剖图的形式来体现这些信息，纵剖图能实现一些诸如缩放、全显、打印等基本的地图操作	CS/BS

续表

功　能	描　述	说　明
垂直净距分析	用户首先确定在地图上投影相交的两条管线的交点，系统会确定这两条管线的类型，并分别进行空间运算求得其在交点处的空间属性（管顶高程、管底高程、管径等），然后得到两条管线在地下的垂直距离即是二者垂直净距，并与管线埋设规范进行对比判断是否符合规范	CS/BS
水平净距分析	分析某条管线在其某个水平净距范围内是否存在其他管线，若存在则判断是否符合该管线埋设规程	CS/BS
覆土深度分析	用户首先确定某管线上的某个点，系统首先判定管线类型，然后进行空间运算内插得到该管线该点处的空间信息，其中管顶埋深即是这条管线在该点处的覆土深度，最后并根据管线埋设规范判断该埋深是否符合规程	CS/BS
管线路径分析	计算从指定的起始管点到终止管点的最短路径，给出路由及其相关的设施、影响区域等。例如：给水、燃气发生爆管事故时，可以通过管网的路径分析功能，从事故点处追溯到控制此事故发生管段的阀门设施，并可进一步追踪这些阀门设施所控制的影响区域，为其业务提供决策支持	CS/BS
缓冲区分析	通过在要分析的要素上设置一定距离的缓冲区，可以进行各种分析运算。例如：道路改扩建分析或拆迁分析，通过以道路改扩建区域或拆迁区域作为缓冲区进行分析计算，可以得出其影响的地上地物及地下管线的情况；排污分析，通过以滇池、盘龙江等水域为中心设置一定距离的缓冲区，可以直观地计算出落在此区域中的各种排污口设施，为排污治理工作提供依据	CS/BS

（10）辅助工具。功能划分，见表 8-14 所示。

辅助工具功能列表　　　　　　　　　　　　　　　　　　　　表 8-14

功　能	描　述	说　明
标尺丈量	当用户利用该工具在地图上进行丈量时，用户鼠标划过区域的距离、总距离、面积、方位角、夹角能动态得在丈量结果显示窗口中变化	CS/BS
扯旗标注	用户在大致垂直于管线的方向划一条与管线相交的线，弹出窗口由用户选择需要标注的字段，将内容以管线扯旗的方式标注在地图上	CS/BS
栓点标注	用户首先选择目标点，出现鼠标跟踪线段；然后确定附近的特征节点，系统将会计算出目标点与当前选择的特征点的距离，并自动标注到地图上	CS/BS
特征点标注	用户在地图上框取目标点，将该点坐标信息标注在地图上	CS/BS
单管线标注	选择一条管线并选择要标注的属性，被选管线的属性值会自动标注在图上	CS/BS
单管点标注	选择一个管点并选择要标注的属性，被选管点的属性值会自动标注在图上	CS/BS
全图层标注	选择一种管线层，并选择需要标注的属性，该层所有管线会以此属性进行标注	CS
取消全图层属性标注	用户利用该功能将图层标注清除	CS
坐标展点	将一个"X，Y，点号"形式的坐标数据文件所记录的所有坐标以碎部点的形式展绘到地图上	CS

（11）图形输出。功能划分，见表 8-15 所示。

图形输出功能列表　　　　　　　　　　　　　　　　　　　表 8-15

功　能	描　述	说　明
矩形区域裁剪	用户在地图上画矩形，地图各层处于矩形内的图元被取出并展现在新的裁剪地图上，与矩形边框相交的图元要进行分割，只保留矩形框内的部分，被裁出的图元要保留原属性，新的裁剪地图能够实现缩放、漫游、旋转、全显、保存、打印、导出其他格式等基本功能。将裁剪图形转换为 PDF	CS/BS
多边形区域裁剪	实现思路同"矩形裁剪"	CS/BS
按图幅裁剪	用户通过输入图幅号或直接通过点击地图来确定图幅，以该图幅为矩形进行地图裁剪	CS/BS
按坐标范围裁剪	用户中通过输入区域的各节点坐标来确定裁剪范围，也可以通过定位坐标文件来确定裁剪范围	CS/BS
矩形区域打印	用户在地图划定矩形范围，在弹出的打印预览窗口对该区域进行打印	CS/BS
多边形区域打印	实现思路同"矩形区域打印"	CS/BS
按道路裁剪打印	选择道路建立缓冲区，裁剪区域图形，并可将图形旋转进行打印	CS
任意标准图幅打印	用户通过输入图幅号或直接鼠标点击的方式确定图幅，对该图幅进行打印	CS
当前图依比例打印	对当前地图视窗范围进行打印	CS/BS
专题图输出	对横断面图、栓点图、排污专题图、沿道路裁减的带状工程管线图、各种工程用图的打印输出（以 PDF 格式输出打印）	CS
成果表输出	可以按照选择区域输出管线成果表	CS/BS
地图打印设置	用户在此设置打印机	CS

（12）管线编辑。功能划分，见表 8-16 所示。

管线编辑功能列表　　　　　　　　　　　　　　　　　　　表 8-16

功　能	描　述	说　明
管点属性编辑	用户首先要将需要编辑的管线类型设为当前可编辑管线类，然后利用该工具圈选需要进行属性编辑的管点，管点闪烁后弹出属性编辑窗口与用户交互，属性窗口中应含有当前管点的所有属性和属性值	CS
管线属性编辑	操作方法如"管点属性编辑"	CS
删除管点	用户首先要将需要编辑的管线类型设为当前可编辑管线类，然后利用该工具圈选需要进行删除的管点，管点闪烁后弹出"确认"对话框，用户"确认"后将该管点删除	CS
删除管线	操作方法如"删除管点"	CS
批量删除管点	按照划定范围，选择范围内指定类型的管线类型的点，确认后进行删除	CS
批量删除管线	按照划定范围，选择范围内指定类型的管线类型的线，确认后进行删除	CS
增加管点	用户首先要将需要编辑的管线类型设为当前可编辑管线类，然后在地图上点击进行管点绘制，也可利用坐标输入来添加管点，每当增加一个管点会弹出添加属性对话框	CS
绘制管线	用户首先要将需要编辑的管线类型设为当前可编辑管线类，然后首先选择一个管点为管线起点，然后进行绘制，每当增加一段管线弹出添加属性对话框	CS
两点连线	用户首先要将需要编辑的管线类型设为当前可编辑管线类，然后在首先选择一个管点为两点连线起点，然后将线连接到另一个管点，连线完毕，弹出管线属性添加窗口	CS

续表

功　能	描　述	说　明
点线联动	用户首先确定唯一的可编辑管线类，鼠标变为十字丝形状，点击或拉框选择需要进行位置挪动的管点，该管点会进行闪烁，然后鼠标拉动该管点到目标位置（该位置亦可通过在坐标输入窗口中输入坐标来确定），同时与该管点相连的管线也要随之移动，右键鼠标完成该操作	CS
合并管线	用户首先要将需要编辑的管线类型设为当前可编辑管线类，然后在首先选择两条连续管线进行合并，合并完毕后弹出管线属性添加窗口	CS
打断管线	用户首先要将需要编辑的管线类型设为当前可编辑管线类，然后在一段管线上的某处点击鼠标，原管线在该点断开为两段，打断完毕后弹出属性添加窗口	CS
解析成图	根据已知点（一点、两点）及给出的距离、角度等确定新增加的点，将多个点连接起来，生成管线，同时增加相应的属性数据	CS
附属物边界编辑	对附属物的边界进行绘制、修改、删除等操作	CS
注记修改	对数据的注记信息进行添加、修改、删除操作	CS
管理多媒体信息	用户可以利用该功能方便的添加或删除该地物存在数据库 Oracle 中的多媒体信息（包括图片、视频）	CS

（13）数据管理。功能划分，见表 8-17 所示。

数据管理功能列表　　　　　　　　　　　　　　　　　表 8-17

功　能	描　述	说　明
管线监理检查	用户利用该功能对管线普查数据进行基本的检查，检查内容包括：管点是否唯一；管线是否唯一；管点坐标是否合理；管点属性表中符号代码是否标准；管点属性表与管线属性表中点号是否对应；管点、管线的结构是否符合要求；管线中高程、埋深、长度字段是否填写；管点中地面高程字段是否填写	CS
创建管线数据库	系统管理员用户可以利用该功能在 Oracle 数据库创建各种类型的数据表来存储城市里的各类管线、管点等数据	CS
创建地形数据库	系统管理员用户可以利用该功能在 Oracle 数据库创建各种类型的数据表来存储城市里的各类地形数据	CS
创建索引数据库	系统管理员用户可以利用该功能在 Oracle 数据库创建各种类型的数据表来存储通过各类索引数据	CS
管线数据入库	在 Oracle 数据库中将各种管线表创建完成后，系统管理员可以用该功能将外业最终提交的管线成果数据（＊.mdb）进行入库	CS
地形数据入库	在 Oracle 数据库中将各种地形表创建完成后，系统管理员即可以用该功能将地形数据进行入库	CS
数据更新入库	系统管理员可将小区域复查的管线数据入库，更新原有的同区域数据	CS
数据备份	系统管理员用户可利用该功能将存储在服务器 Oracle 中的城市数据库备份到本地文件	CS
数据恢复	系统管理员用户可把本地备份文件恢复到原数据库中	CS
历史库浏览	用户可以利用该功能浏览过去某个时间点的数据	CS

（14）系统设置。功能划分，见表 8-18 所示。

系统设置功能列表 表 8-18

功　能	描　述	说　明
系统用户管理	系统管理员用户在此实现对所有用户的管理。包括：创建新的用户组、删除已有的用户组、为已有的用户组更名、为已有的用户组更改权限类型、为已有的受限用户组设置功能权限、在某个组内创建新的用户、删除某组内的某个用户、为某个组内用户更改名称、为某个组内用户更改密码等	CS
系统日志设置管理	系统管理员在此查看浏览系统日志，包括何年何月何时哪个用户在哪台机器上登录过系统、执行了哪些重要操作等	CS
地图图层设置	系统管理员在此对地图中的管线、地形、索引等各类图层的特性进行详细的设置，如最大显示比例、最小显示比例、加载时是否可见、加载时是否可选、图层颜色等	CS
系统功能权限配置	根据用户配置角色或者用户可以使用的系统功能和数据内容	CS
用户界面配置	配置用户所看到的菜单、工具条、图层树等界面内容	
本地应用设置	用户在此对系统的一些基本参数进行设置，如界面风格、地图样式、标注字体、渲染颜色、符号大小等	CS
更改个人信息	用户可以在此修改个人的信息，包括用户名和登录密码等	CS
地图符号设置	用户在此对地图图元的符号样式进行设置	CS
历史库设置	设置历史库内容存放的周期或者时间段	CS
系统日志设置	设置系统针对哪些操作可以进行日志记录以及日志记录的存放周期	CS
系统名称设置	用户在此对系统的名称和简称进行设置	CS

3. 管线报表子系统

报表子系统。功能划分，见表 8-19 所示。

报表子系统功能列表 表 8-19

功　能	描　述	说　明
固定报表	固定报表功能用于产生事先要求的、格式固定的报表。用户可以选择所需的报表名称或报表模板，例如月报表，系统将从数据库中提取数据，按照预先设定的格式自动生成纸张大小、标题、页面布局等都安排合理的报表，直接可用来打印输出	CS/BS
定制报表	定制报表功能用于产生用户自定义的报表格式。用户可以自行设置报表的模板，包括报表的标题、内容、图文框的布局、页面的设置、数据过滤、计算函数等等，系统则根据这些自定义的模板提取数据生成满足用户要求的报表	CS/BS

4. 三维显示子系统

三维显示子系统。功能划分，见表 8-20 所示。

三维显示子系统功能列表 表 8-20

功　能	描　述	说　明
管线三维显示	实现三维管线、地上建筑及地上管线设施的三维显示、浏览、放大、缩小、查询、飞行、量距等功能	BS

5. 系统管理子系统

（1）安全管理。功能划分，见表 8-21 所示。

安全管理子系统功能列表　　　　　　　　　　　　　　　　表 8-21

功　能	描　述	说　明
创建用户组	系统管理员用户在此可以按业务范围创建用户组，用户组是具有相同、相似权限的用户集合，如同一个业务科室的相关人员；同一个权属单位的业务人员	CS/BS
创建用户	用户组管理员可以在此创建本组用户，并根据系统管理员分配给用户组的权限，对用户再次分配；系统管理员也可以直接创建用户组的用户。创建的新用户默认条件下用户该组所有权限	CS/BS
删除用户组	系统管理员在此可以删除已创建的用户组	CS/BS
更改个人信息	用户可以在此修改个人的信息，包括用户名和登录密码等	CS/BS
权限设置	用户组管理员可以对系统管理员分配给本组的权限（功能权限、数据浏览权限）再次分配给本组用户	CS/BS
用户管理	系统管理员用户在此实现对所有用户的管理。包括：为已有的用户组更名、为已有的用户组更改权限类型、为已有的受限用户组设置功能权限、在某个组内创建新的用户、删除某组内的某个用户、为某个组内用户更改名称、为某个组内用户更改密码等	CS/BS

（2）日志管理。功能见表 8-22 所示。

日志管理功能列表　　　　　　　　　　　　　　　　表 8-22

功　能	描　述	说　明
系统日志管理	系统在运行的过程中自动创建日志，包括用户登录信息，系统运行报告，系统管理员在此查看浏览系统日志，包括何年何月何时哪个用户在哪台机器上登录过系统等，并可以删除、输出系统日志	CS/BS

（3）应用设置。功能划分，见表 8-23 所示。

应用设置功能列表　　　　　　　　　　　　　　　　表 8-23

功　能	描　述	说　明
地图图层设置	系统管理员在此对地图中的管线、地形、索引等各类图层的特性进行详细的设置，如最大显示比例、最小显示比例、加载时是否可见、加载时是否可选、图层颜色等，系统管理员设置结果应用到所有用户	CS/BS
个人应用设置	用户在此对系统的一些基本参数进行设置，如界面风格、地图样式、标注字体、渲染颜色、符号大小等，个人设置结构只应用到设置用户	CS/BS
地图符号设置	用户在此对地图图元的符号样式进行设置	CS/BS
系统名称设置	用户在此对系统的名称和简称进行设置	CS/BS

6. 接口子系统

（1）与规划管理审批系统的接口

系统与规划管理审批系统进行双向接口，不仅要为管线规划审批工作提供数据来源，还要将审批的结果返回记录在本系统中的审批数据库中，为管线今后的竣工测量跟踪提供依据。

建立 Web Service 接口，向规划局提供图形数据服务；提供授权，直接访问系统数据库。

（2）与规划电子政务系统的接口

系统与规划电子政务系统进行双向接口，实现无缝的流程化办公。

通过昆明市规划局的局域网，系统设计开发 Web 服务，规划电子政务系统通过 Web 服务来访问所要数据。

（3）与档案管理系统的接口

系统与档案管理系统进行双向接口，实现双方系统的数据交换与共享。

系统设计交换数据格式，开发统一格式的数据转换，实现工程号（测区号）与档案号的挂接。

设计开发 Web 服务，为档案管理系统提供管线断面图、管线统计服务。

建立读取接口，点击管线实体显示其相应的档案信息。

（4）与各管线权属单位的专业管线系统接口

系统与各管线权属单位的专业管线系统进行双向接口，实现双方系统的数据交换与共享。

系统建立 Web Service 方法，为专业单位提供数据读取服务，主要包括地下管线的地图显示服务、地下管线的查询统计服务、地下管线分析服务、地下管线数据交换服务等。

建立以 XML 文件格式为标准的数据读取接口，接受经过授权的专业单位提交的管线信息。

（5）与政府公众网络的接口

系统与政府公众网络进行单向接口，为政府和广大社会公众提供所需的地下管线资料。

系统建立 Web 服务，提供地图查询服务，供各专业管线系统使用，并可将经过授权的信息发布到公共网上。

8.1.4 系统功能界面举例

1. C/S 部分

昆明市综合地下管线信息管理系统 C/S 功能组成，如图 8-5 所示。

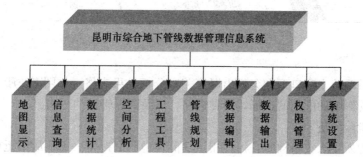

图 8-5　昆明市综合地下管线信息管理系统 C/S 功能组成图

昆明市综合地下管线信息管理系统 C/S 主界面，如图 8-6 所示。

图 8-6　昆明市综合地下管线信息管理系统 C/S 主界面图

（1）爆管关阀分析

当城市内某段给水或燃气管线发生爆管事故时，可使用系统该功能在地图上搜索需要关闭的阀门。点击该菜单项，鼠标变成"＋"字形，在地图爆管管段上鼠标左键点击选择爆管点，系统会自动搜索与该管段连通的相关阀门，并以半透明的形式显示受影响区域，如图 8-7 所示。

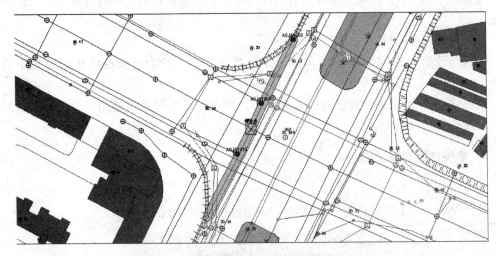

图 8-7　关阀分析结果图

执行分析后系统主窗口下方会弹出爆管关阀分析结果表格，如图 8-8 所示。图中表格中记录了所有受影响的阀门的坐标，所在道路，以及到爆管点的距离。

（2）火灾抢险分析

当城市某地发生火灾事故时，可使用该功能在地图上搜索火灾事故附近的消防栓，为抢险提供决策依据。点击该菜单项，鼠标变成"＋"字形，在地图上鼠标左键点击指定事故点，系统会提示输入搜索半径，如图 8-9 所示。

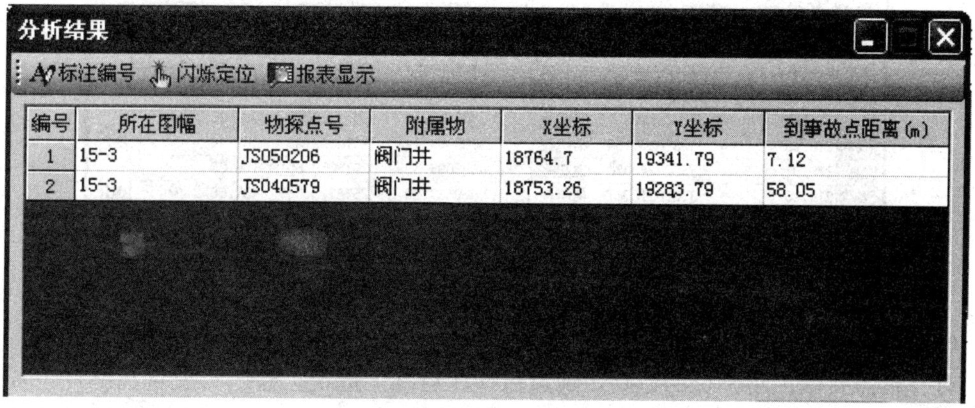

编号	所在图幅	物探点号	附属物	X坐标	Y坐标	到事故点距离(m)
1	15-3	JS050206	阀门井	18764.7	19341.79	7.12
2	15-3	JS040579	阀门井	18753.26	19283.79	58.05

图 8-8　关阀分析结果图

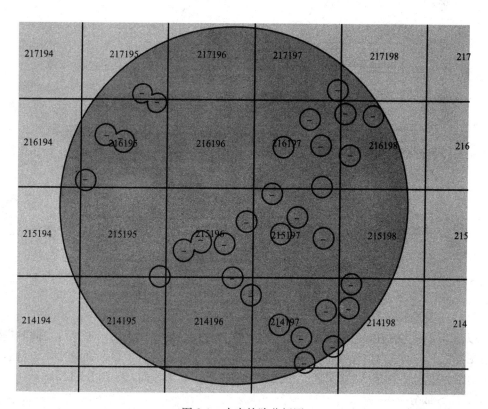

图 8-9　火灾抢险分析图

　　点击〈确定〉，系统会自动搜索该半径范围内的所有消防栓，并标注在地图上，同时系统主窗口下方会弹出火灾抢险分析结果，如图 8-10 所示。表格中记录了所有范围内消防栓的坐标，所在道路，以及到火灾发生点的距离。

编号	所在图幅	物探点号	附属物	X坐标	Y坐标	到事故点距离(m)
20	217195	JSSP0230179	消防栓	888931.84	2574262.733	405.74
21	214197	JSSP0210253	消防栓	889330.357	2573619.363	360.78
22	215197	JSSP0240092	消防栓	889332.372	2573873.366	159.36
23	214197	JSSP0210374	消防栓	889463.516	2573660.069	398.06
24	216195	JSSP0230104	消防栓	888964.192	2574242.36	369.44
25	215196	JSSP0240028	消防栓	889098.859	2573856.69	136.38
26	214198	JSSP0210367	消防栓	889537.28	2573733.767	407.06

图 8-10　火灾抢险分析结果图

（3）道路扩建分析

对一条需要做扩建分析的道路，通过拉线在道路上选定扩建起点位置和终点位置，如图 8-11 所示，然后在弹出的对话框中输入道路需要向两侧扩充的距离，系统能统计出因道路扩建而影响到的管线、控制点，毁坏的绿地和需要拆迁的建筑物等信息，分析结果，如图 8-12 所示。

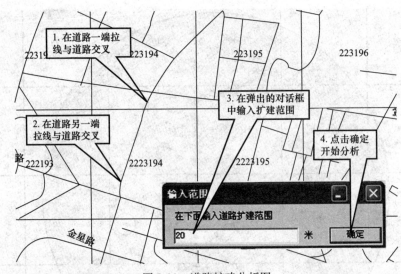

图 8-11　道路扩建分析图

（4）三维显示子系统

以三维可视化的方式空间立体的显示地下综合管线，地面建筑物，道路等，同时提供三维地图浏览工具，查询，管线垂直净距分析，管线水平净距分析，纵断面分析，道路断面分析，追踪分析连通分析，挖方分析，三维测量等功能。其主界面，如图 8-13 所示。

2. B/S 部分

（1）昆明市综合地下管线信息管理系统 B/S 功能组成，如图 8-14 所示。

（2）昆明市综合地下管线信息管理系统 B/S 主界面，如图 8-15 所示。

（3）横剖面分析

在当前地图中通过拉线对管线做横断面剖切，系统会自动根据管线数据内插出剖线处的相关数据，然后依据这些数据自动生成横切剖面图。它直观地反映出各管线间的相互位置及在地下埋深的情况。

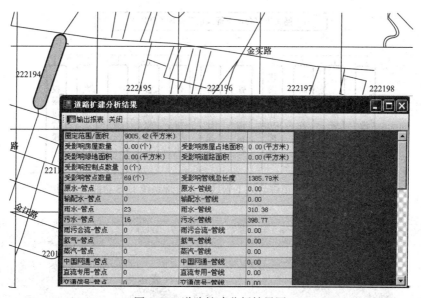

图 8-12 道路扩建分析结果图

图 8-13 三维显示图（上图：三维主界面，下图：放大后的三维管线显示）

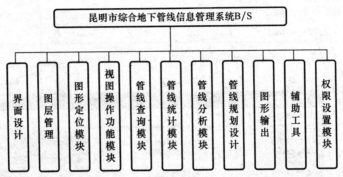

图 8-14　昆明市综合地下管线信息管理系统 B/S功能组成图

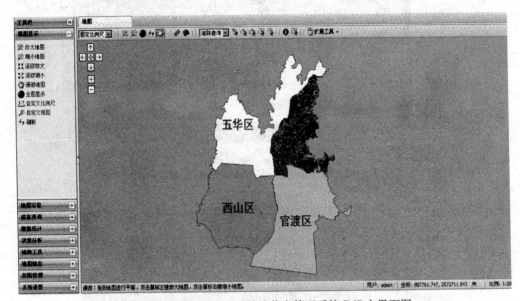

图 8-15　昆明市综合地下管线信息管理系统 B/S主界面图

点击该菜单项，鼠标变成"＋"字形，在要剖切的管线处做剖切，如图 8-16 所示，弹出管线横断面分析图，如图 8-17 所示。

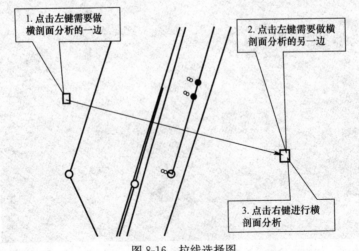

图 8-16　拉线选择图

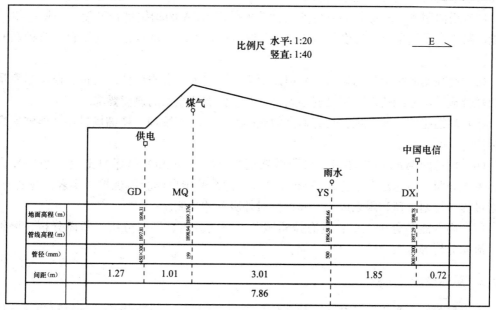

所在道路:二环东路,穿金路　　　　　　　　　　　　　　　　　　断面号:1238

图 8-17　昆明市地下管线横断面图

8.2 地下管线三维规划审批系统

"地下管线三维规划审批系统"是城市规划与管理系统的重要组成部分,以建立一种新型的规划管理工作环境,为市政交通与管线工程的规划审批和批后管理工作提供坚实的数据基础和专业、科学、先进的辅助分析工具,降低工作处置时间、费用和人力成本,将粗放式的审批变为精细化的审批、不直观的审批变为直观的审批。使用用户为:市级规划局及其各规划分局、市政工程规划管理处、建设工程规划管理处、建设工程批后管理处、规划编制与信息中心、城市地下管线探测管理办公室。

8.2.1 需求概述

"地下管线三维规划审批系统"是以详细、准确的昆明市交通和地下管线数据为基础,采用先进的计算机技术、网络技术、GIS技术、虚拟现实技术等,建立一个真实的、三维可视化的辅助规划管理的 B/S 结构的系统,与昆明市规划局现有的规划业务审批信息系统和地下管线信息管理系统无缝融合,提供多种类、多角度的辅助交通与管线工程规划审批、批后管理的工具和决策分析方法,以优秀的用户体验展现规划要素、规划资料、规划过程、规划管理和规划成果,为数字规划奠定基础,使规划决策更加科学、管理更加高效、政务更加公开、权力更加"阳光"、展示更加直观。

建成后系统应该具有以下特点:

(1) 三维管线的动态建模:二维管线到三维管线模型的整体、批量的动态创建。

(2) 二、三维一体化的展现方式:能全方位、多视角的浏览系统中的二、三维交通和

171

管线工程数据，实现二、三维的联动。

（3）面向服务（SOA）的软件架构：系统采用 SOA 的构架进行开发，面向网络应用环境，跨平台无缝聚合、提供灵活的、可配置、可扩展的标准接口，易于自主维护和升级延展。

（4）高性能的海量数据显示：采用瓦片金字塔技术，实现影像、矢量、模型等海量数据的联合显示，系统的效率满足规划人员日常工作加载数据的速度要求。

（5）高性能的三维表现：具有逼真的光影效果、动画纹理、精细场景，并能够实现动态标注。

（6）优秀的 Web 用户体验：采用微软银光（Silverlight）技术打造具有视觉冲击力强、主次分明、表达富有张力的 Web 页面，以优秀的用户体验展现规划要素、规划资料、规划过程、规划管理和规划成果，并提供对外服务的功能。

（7）高性能的分析功能：具有搜索服务、空间分析、网络分析、断面分析、爆管分析、流向分析等强大的管网分析功能。

8.2.2　总体设计

本系统将综合采用测绘技术、地理信息系统（GIS）、遥感（RS）、计算机仿真和网络技术等，全面获取交通与管线工程规划审批所需的相关信息，真实、方便地进行数据的查询、检索、统计和分析，并提供高效的信息服务和多种类、多角度的辅助交通与管线工程规划审批、批后管理的工具和决策分析方法，建立一种具有良好用户体验的，二、三维一体化的规划管理工作环境，降低工作的处置时间、费用和人力成本，提升城市规划的管理水平。

1. 技术架构

系统总体体系结构遵循 SOA 架构体系，采用 B/S 模式，二、三维一体化的可视化表现形式，集中展现城市地下综合管线、基础地形、道路红线、影像等数据信息，并对其进行综合管理与分析，并与昆明市规划局现有的规划业务审批信息系统和昆明市地下管线信息管理系统无缝融合。系统技术架构，如图 8-18 所示。

系统在技术上坚持数据、管理、服务、与应用分离的架构原则，建立了灵活装配式的扩展机制，实现数据的管理、共享、融合、交换及与其他业务应用系统的集成。此系统在技术架构的设计上分为 4 层结构：数据层、业务逻辑层、应用服务层和应用表示层。通过建立贯穿不同层次的标准规范制度和安全保障体系，使这 4 层相互联系，形成一个有机的整体。

数据层：为系统提供基本的数据服务，数据来源于不同系统的数据服务器，包含了元数据、基本地形图数据、DEM、DOM、地下管线空间数据、道路红线数据、规划管理所必需的各种数据、3D 地面地物和管线设施模型数据、多媒体数据等。矢量数据采用二维 GIS 空间数据引擎进行存储，如 Geodabase＋ArcSDE 或 Oracle Spatial 等，3D 静态模型数据、多媒体数据等以文件方式存储，采用了存储过程、数据库包、视图等创建数据库对象技术、四叉树技术、瓦片金字塔技术等进行性能优化。

业务逻辑层：它处于数据层与应用服务层之间，起到了数据交换中承上启下的作用，并采用 COM、Web Services 等技术完成各种业务功能的封装。此层部署 ArcGIS Server，

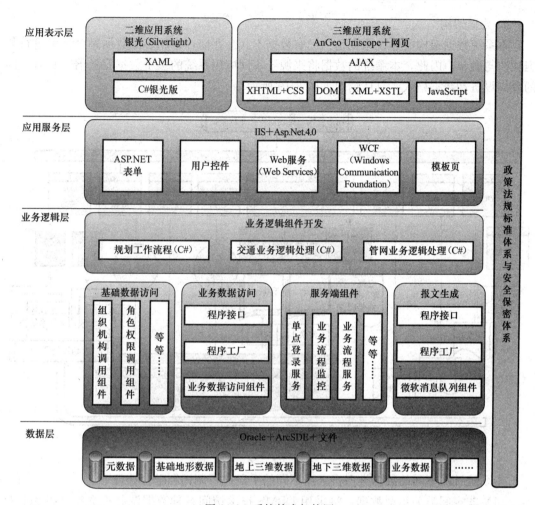

图 8-18 系统技术架构图

设计主要集中在业务规则的制定、业务流程的实现等与业务需求有关的方面，由一系列组件组成，主要进行业务处理，每个组件是一组紧密关联的业务功能，这些业务功能调用数据层接口完成数据的融合和分析处理。此外，此层还提供组织机构、角色权限、LDAP 数据等方面的实现，报文发送采用微软消息队列，或其他消息队列类组件并使用工厂模式进行封装，可以快速地进行移植和争抢性能。此层是一种弱耦合结构，由富有多年开发经验的设计人员设计，保证功能的完善并可以迅速地根据业务变化进行调整。

应用服务层：此层部署 Internet Information Services，简称 IIS，是一个 World Wide Web 服务器，此层的主要作用是将业务逻辑层建立的各种业务组件、数据、Web Services、图文报表等发布为网页，供表示层展现给用户。

应用表示层：为最终用户提供数据和信息的正确语法表示变换方法，采用 Silverlight 技术、AJAX 技术提供优秀的用户体验，通过 Web 浏览器以二、三维联动的展现方式来访问各种数据，进行查询、统计、分析等工作。

通过这 4 层架构，系统在开放性、实用性、安全性、可维护性、可扩展性、标准化和性能上达到了完美的融合。

2. 数据架构

本系统数据架构的建设原则是：已有数据不冗余存储，采用多源数据融合技术进行数据抽取与融合。因此，本系统的数据将来源于不同应用系统的多个数据服务器，具有不同的存储设备和数据格式，具体情况如图 8-19 所示。

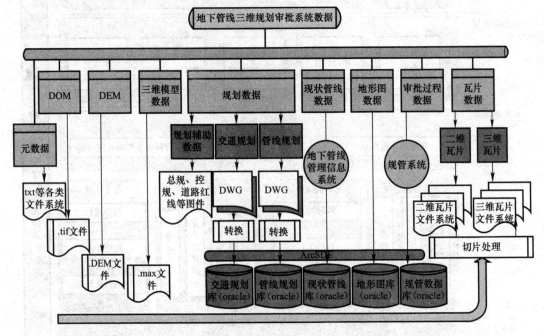

图 8-19　系统数据架构图

本系统针对不同的数据类型将采用不同的手段进行调用和融合处理：

（1）非空间类关系型数据：将采用 DBMS 技术访问各种数据源并把数据转换为数据模型类或实体类对象提供给应用程序使用。

（2）空间类数据：将采用 ArcGIS API 进行访问。

（3）3D 模型数据：将采用 LOD 划分、渐进传输技术、数据组织与压缩技术、多级缓存技术、下载平衡技术等进行优化访问。

图 8-20 展示了二、三维管线空间数据融合的处理流程。

在系统数据架构的设计中，如何建立精细化的 3D 管线模型数据是一个重点考虑的问题。管线 3D 模型与地面地物模型相比，有一个重要的不同点就是管件具有几何规则性、规格多样性的特点，无法建立标准的静态模型库来进行匹配。因此，为了保证管网模拟的逼真度和真实性，本系统分类设计了三维管网的实体模型，不同类型的模型采用不同的技术方法建立：

（1）抽象化的不规则形体的管点实体模型：例如，各种种类的阀门、水表、消防栓、配电箱、交接箱等。这类模型具有几何形态的不变性和表面材质纹理的相似性，具有重要的形状和位置特征，建立一个三维模型便可以重复使用。这类实体模型可以利用对象的平面底图数据、航空影像或地面摄影影像，在 3D Max 等建模软件中手工建立。

（2）尺寸结构属性驱动的管点实体模型：例如各种不同型号的地下井室、蓄水池等。

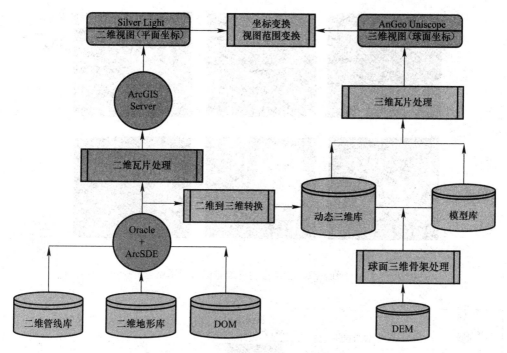

图 8-20　二、三维管线空间数据融合的处理流程图

这类模型带有明显的底面边界尺寸信息，是带有一定厚度、固定方位的规则体元。例如，立方体、柱体等。这类实体模型采用构造实体几何法（Constructive Solid Geometry，简称 CSG）来表达，只需输入底面尺寸、高度、位置等少量参数信息即可确定，非常简单便捷。

（3）拓扑连接关系驱动的管点实体模型：例如，变径、弯头、三通、四通、多通等。这类模型的规格尺寸多种多样，且具有不同的形态和方位，针对这类模型将采用扫描法＋格网（Sweep＋Mesh）建立，根据管径大小分别建立主管和支管模型，运用布尔运算，并集剖切连接形成完整的实体模型。

（4）管段实体模型：包括圆筒形的圆管和方柱状的管块、管渠。这类模型具有不同的空间运动轨迹，该轨迹可以用解析式来定义，同样采用扫描法＋格网（Sweep＋Mesh）将一条管线看作是整张连续的曲面进行建模处理。

图 8-21 展示了管网自动三维建模的过程。

3. 应用架构

系统的应用架构，如图 8-22 所示。

4. 系统工作流程

本系统将参与涉及交通和管线工程的各种工作流程，在这些工作流程中主要进行 6 个工作，如图 8-23 所示：

（1）按照交通与管线工程电子报批的数据标准，利用本系统提供的检查工具进行报件图的审查。

（2）提取设计方案中的交通和管线数据，建立规划状态的交通与管线数据库。

（3）与现有的道路红线、现状管线数据等进行接口，以实现规划管线和现状管线数据的叠加。

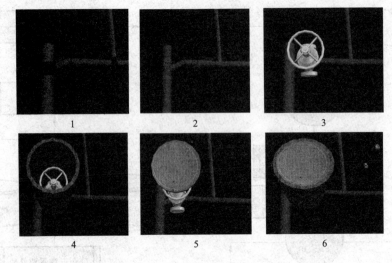

图 8-21　管网自动三维建模过程图

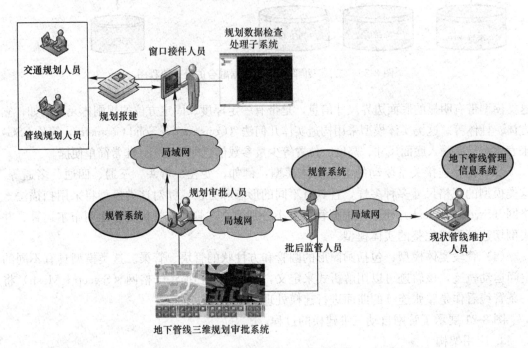

图 8-22　系统的应用架构图

（4）根据当前登录的用户角色，提供各种辅助规划审批和批后管理的查询、统计、分析、图表、视频等等工具，辅助经办人的审批和批后管理工作。

（5）记录工作节点中各个版本的处理过程数据，以工程为单位形成工作档案数据库。

（6）按照当前工作节点最终要求的数据格式，将处理意见和附图以操作规管系统底层数据库的方式传入规管系统，以便后续工作节点进行查阅。

（7）规划竣工核实合格的工程，将其工程竣工数据导入昆明市地下管线管理信息系统。

5. 系统集成

从系统集成的角度设计考虑如下：系统组成的连接方式应该灵活，符合面向对象的设计思想，可实现模块的有效划分和灵活组装。

要求所有的 GIS 功能点必须以标准 Web Services、WCF 的形式提供，同时需要提供一种数据应用程序开发框架和访问机制，目的是：（1）简化数据访问，为系统提供一个可以基于 GIS 平台之上的统一地图访问接口，便于外部应用的简单开发。（2）提供一种统一的数据操作，简单地说，就是通过使用 Web Services、WCF 及其接口，客户机可以读取数据。

8.2.3　数据库设计

1. 概念设计

各类规划管线由规划设计管线-线表和规划设计管线-点表组成，由于一根管线连接两个管点，二者的 ER 图，如图 8-24 所示。

2. 数据库结构设计

规划审批项目信息，见表 8-24 所示。

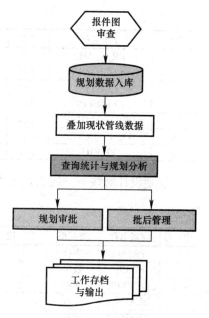

图 8-23　系统工作流程图

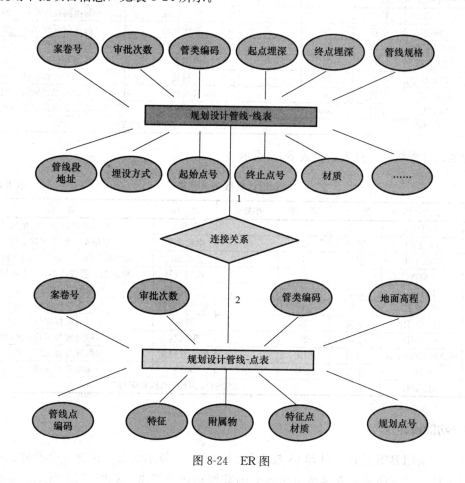

图 8-24　ER 图

177

规划审批项目信息表　　　　　表 8-24

序号	字段名称	类型	宽度	小数位	说明	备注
1	PRJNAME	字符	50	—	项目名称	人工输入
2	DOSFILENO	字符	10	—	案卷号	唯一, 人工输入, 不能为空
3	CDATE	日期			创建时间	记录到天, 自动产生
4	CPERSON	字符	20	—	经办人	人工输入
5	DEPARTMENT	字符	30	—	经办部门	人工输入
6	CONSTRUCT	字符	50	—	建设单位	人工输入
7	FILEID	数字	2	—	审批次数	根据案卷审批次数自动生成

规划设计管线——线表，见表 8-25 所示。

规划设计管线——线表　　　　　表 8-25

序号	字段名称	类型	宽度	小数位	说明	备注
1	PRJNO	字符	10	—	案卷号	根据选择的案卷号生成
2	FILEID	数字	2	—	审批次数	根据案卷审批次数生成
3	GXTYPE	字符	4	—	管类编码	与探测规程保持一致
4	SEXPNO	字符	11	—	起始点号	与点表 PEXPNO 保持一致
5	EEXPNO	字符	11	—	终止点号	与点表 PEXPNO 保持一致
6	S_DEEP	数字	5	2	起点埋深	与探测规程保持一致
7	E_DEEP	数字	5	2	终点埋深	与探测规程保持一致
8	PSIZE	字符	20	—	管线规格	与探测规程保持一致
9	ADDRESS	字符	80	—	管线段地址	与探测规程保持一致
10	EMBED	字符	8	—	埋设方式	与探测规程保持一致
11	MATERIAL	字符	10	—	材质	与探测规程保持一致
12	LCODE	字符	4	—	管线代码	与探测规程保持一致
13	NOTE	字符	100	—	备注	与探测规程保持一致
14	SHAPE	MDSYS. SDO_GEOMETRY				

规划设计管线——点表，见表 8-26 所示。

规划设计管线——点表　　　　　表 8-26

序号	字段名称	类型	宽度	小数位	说明	备注
1	PRJNO	字符	10	—	案卷号	根据选择的案卷号生成
2	FILEID	数字	2	—	审批次数	根据案卷审批次数生成
3	GXTYPE	字符	4	—	管类编码	与探测规程保持一致（可用于符号化）
4	PEXPNO	字符	11	—	规划点号	格式为：管线小类码+3 位序号
5	HIGH	数字	5	2	地面高程	与探测规程保持一致
6	PCODE	字符	4	—	管线点编码	与探测规程保持一致
7	FEATURE	字符	20	—	特征	与探测规程保持一致
8	SUBSID	字符	20	—	附属物	与探测规程保持一致
9	FEAMATERIAL	字符	10	—	特征点材质	与探测规程保持一致
10	NOTE	字符	100	—	备注	与探测规程保持一致
11	SHAPE	MDSYS. SDO_GEOMETRY				

8.2.4　功能设计

本系统采用 B/S 模式，以 SOA 技术和 Sliver light 技术研发，构建一个开放、可扩展的线链架构，以便将来集成容纳更多种类的数据和业务需求。如图 8-25 所示，系统将总体实现下列功能模块：

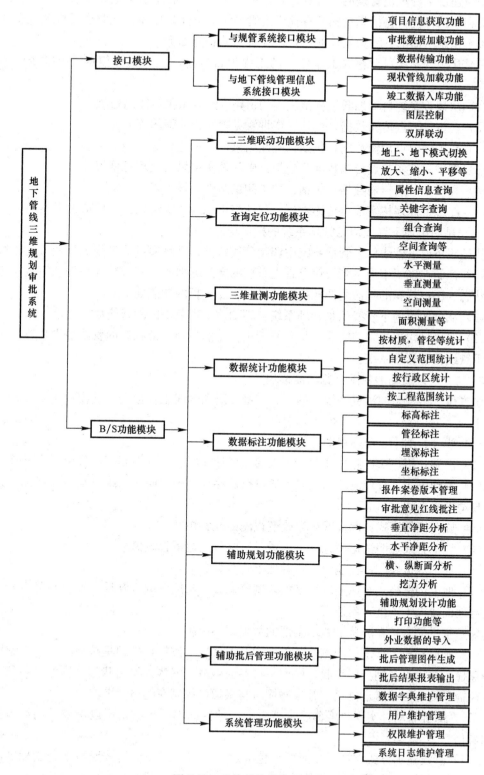

图 8-25　系统功能模块划分

1. 与规管系统的接口功能模块

按照建设工程规划管理的流程和用户角色，在流程的各个节点按照规管系统要求的数据格式和数据种类，将信息传输并存储于规管系统的空间数据库，同时也可以从规管系统中调阅本系统所需的各种数据。此模块主要包括的功能如下：

（1）从规管系统自动获取工作任务的工程项目信息，包括属性信息、范围线等图形信息。

（2）从规管系统自动加载工程范围内的道路红线等审批所需的数据。

（3）在审批节点传输数据，包括：审批意见表及相关附图等。

（4）在验线节点传输数据，包括：验线结果、处理意见等。

（5）在中间核实节点传输数据，包括：中间核实结果、处理意见等。

（6）在竣工节点传输数据，包括：竣工测量图件、报告等。

（7）在竣工规划核实节点传输数据，包括竣工规划核实结果、处理意见等。

2. 与昆明市地下管线信息管理系统的接口功能模块

从昆明市地下管线信息管理系统中调阅管线数据，并将通过竣工规划核实过的管线数据传输并存储在昆明市地下管线信息管理系统的空间数据库，实现管线数据从审批状态到现状状态、历史状态的生命周期转换。此模块主要包括的功能如下：

（1）从昆明市地下管线信息管理系统自动加载工程范围内的管线数据。

（2）在通过竣工规划核实后，将本系统中存储的规划审批状态的管线数据传输到昆明市地下管线信息管理系统。

3. 二、三维联动的视图浏览功能模块

全方位、多视角的浏览系统中的二、三维交通和管线工程数据。此模块主要包括的功能如下：

（1）放大、缩小、前一视图等基本视图浏览功能。

（2）漫游：用户执行此功能时，可以通过鼠标在二、三维界面下，移动浏览图形。

（3）滑动模式：进行滑动浏览时，通过鼠标移动一个方向，系统自动按照鼠标的方向进行自动慢慢平移。

（4）旋转倾斜模式：此模式可以改变视图的倾斜角度。

（5）地下管线透明浏览模式：可以透过道路看到地下管线信息。

（6）地下浏览模式：在地面下察看地下管线数据。

（7）地上浏览模式：地上浏览是默认浏览模式，与地下浏览互斥。地上浏览模式下摄像机与地面碰撞不能进入到地下。

（8）全景显示：在屏幕上显示全部的数据图形信息。

（9）开启碰撞：点击"浏览"菜单下"开启碰撞"按钮，按钮呈按下状态，三维模型参与碰撞；再次点击则按钮弹起，模型不再参与碰撞，默认为弹起状态，摄像机不与三维模型碰撞。可应用于隧道浏览，开启碰撞时将摄像机控制在隧道范围内。

（10）双屏联动：实现双屏幕联合查看同一地区的不同地物，可以调节不同显示屏内的图层信息。

（11）管线显示方式切换：按照标准色显示（所有管线图层均按照地下管线标准配色表显示）和材质显示（所有管线图层均按照编译时设置的材质显示）之间进行切换。

（12）图层控制：控制图层的关闭和显示。

（13）排水流向显示：对排水管线实现流向的显示和关闭显示的切换。

4. 查询定位功能模块

实现通用的二、三维交通和管线工程数据的属性与图形双向查询定位。此模块主要包括的功能如下：

（1）通过点击图形要素查询道路、管线等属性信息。

（2）通过输入道路、管线等的相关属性信息进行图形定位。

（3）空间查询：按照圆形或多边形等用户绘制的范围线进行空间查询并定位。

（4）按关键字查询管线、道路等，并定位。

（5）通过输入坐标定位。

（6）基本查询：用于查询指定的图层中单个字段满足指定条件的所有对象。

（7）组合查询：对地图中所有图层的属性信息进行多条件查询。

（8）关联查询：要素属性的关联查询，查询同时满足点、线、面字段条件的对象。

5. 三维量测功能模块

实现二、三维对象的距离、角度、面积等测量。此模块主要包括的功能如下：

（1）水平量测：测量空间两点的水平距离。

（2）垂直量测：测量空间两点的垂直距离。

（3）空间量测：测量两点的空间距离。

（4）面积量测：测量用户指定范围或对象的面积，分地表面积和水平面积。

（5）角度测量：测量两要素之间的夹角。

（6）坡度计算：计算某条或者是某几条管段或道路的坡度值。

6. 数据统计功能模块

按照道路或管线的各种属性信息和空间范围实现通用的统计报表功能。此模块主要包括的功能如下：

（1）按照对象的各种属性信息进行统计报表。

（2）按照用户绘制的范围线进行统计报表。

（3）按照行政区域进行统计报表。

（4）按照工程范围线、对象类别等进行统计报表。

7. 数据标注功能模块

能够根据道路或管线等对象的属性信息。例如，高程、埋深、规格等，在屏幕上进行临时标注显示。此模块主要包括的功能如下：

（1）标高标注：对道路、管线等相应位置点标高进行标注。

（2）管径标注：对管段管径进行标注。

（3）埋深标注：对管段首尾管点埋深进行标注。

（4）坐标标注：对道路、管线等相应位置点坐标进行标注。

（5）距离标注：对空间两点距离进行水平距离、垂直距离和直线距离标注。

（6）标注管理：对所有标注进行分类管理，包括可见性，并且提供删除功能。

（7）用户配置信息标注：根据用户指定的属性和格式进行标注。

8. 辅助交通与管线工程的规划审批功能模块

提供多种类、多角度的辅助交通与管线工程规划审批日常工作的工具和决策分析方法。此模块主要包括的功能如下：

（1）按照制定的交通与管线工程 CAD 报件标准规范检查报件图件。

（2）将检查合格的 CAD 图件入库及批量删除。

（3）报件案卷版本管理：保存每个工程的各次审批记录，可查询、浏览和删除各次记录。

（4）审批意见红线批注：在屏幕图形的相应位置进行审批意见批注，批注信息可按案卷和版本号进行存储、修改、删除和浏览。

（5）辅助审批的各种空间分析功能：管线垂直净距、水平净距、碰撞分析、覆土分析、横、纵断面分析、道路断面分析、缓冲区分析、连通分析、挖方分析、拆迁分析等。

（6）三维辅助规划设计功能：在 3D 场景下，可临时创建、修改或删除 3D 对象，浏览和分析这些对象与现有对象之间的空间关系。

（7）审批结果的生成与打印输出：按照要求的报表和图件格式，生成并打印审批结果。

（8）规划审批字典查询。

9. 辅助交通与管线工程批后管理功能模块

提供多种类、多角度的辅助交通与管线工程批后管理日常工作的工具和决策分析方法。此模块主要包括的功能如下：

（1）支持批后验核测量工作的工具，包括外业数据的导入等。

（2）支持批后管理图件生成的工具。

（3）批后核实处理结果的生成与打印输出：按照要求的报表和图件格式，生成并打印审批结果。

10. 系统管理功能模块

提供系统管理员日常维护、管理系统的各种工具。此模块主要包括的功能如下：

（1）数据字典维护管理。

（2）系统日志维护管理。

（3）用户维护管理。

（4）权限维护管理。

（5）元数据信息维护管理。

8.2.5 系统功能界面举例

系统在用户界面设计上考虑了在线和离线的应用模式，界面布局既适用于桌面系统，又适应于 PAD、平板电脑等手持系统，在界面风格上突出图形数据的表达、功能区划分清晰、主次分明、贴近用户的心理和习惯、功能具有完整的操作流程和完善的操作步骤。

图 8-26 展现了本系统总体人机界面的风格和调用方式，展现了各种功能模块的内容和界面风格，包括：表单设计、报表设计和用户需要的打印输出等设计。

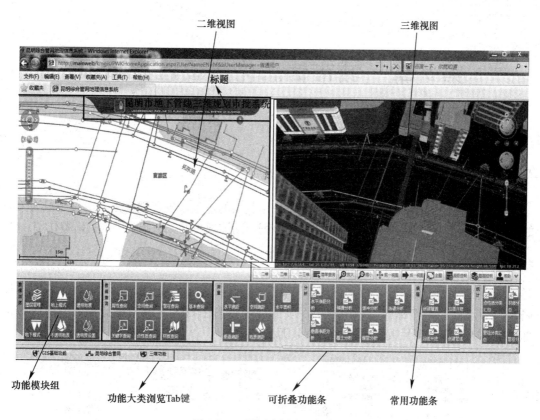

图 8-26　系统用户界面设计图

思考题

1. 地下综合管线数据库设计包含哪些内容，如何进行设计？
2. 地下综合管线功能模块设计的内容，如何进行模块设计？
3. 城市信息化管理的设计包括哪些内容？
4. 界面设计的包含哪些内容？

第9章 城市信息化建设注意事项

9.1 投资费用

一个城市来构建数字化城市管理体系是一个复杂的过程，投资规模是各级领导最为关心的问题之一，列出以下主要内容，希望能对计划启动该项目的城市起到一定的借鉴作用。

9.1.1 部件普查

将建成区的城市部件，按照《城市市政综合监管信息系统管理部件和事件分类与编码》CJ/T 214—2007 标准，利用测绘手段进行普查，在 GIS 系统中进行编码，建成城市部件空间数据库和属性数据库，如图 9-1 所示。

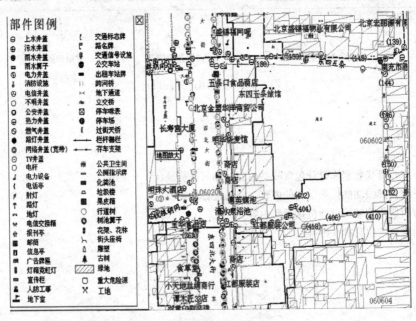

图 9-1 部件图例和表达图

9.1.2 基础空间数据

基础空间数据包括大比例尺基础地形图、遥感影像图等，使系统运行的基础支撑数据。该数据一般由城市的基础测绘、规划或者国土部门负责采集、管理和更新。

9.1.3 呼叫中心

支持呼叫中心功能的硬件平台，向社会公众提供更好的语音服务，并且提供方便的管理功能。呼叫中心的投资与设立座席数量有关。如果目前有已经建立好的呼叫中心，例如，12319 服务热线，可以利用现有呼叫中心平台，也可以采取租用的方式，如图 9-2 所示。

图 9-2　呼叫中心图

9.1.4　信息系统开发

综合利用各项技术，面向业务流程的系统开发，是系统建设的核心，一般由系统开发商承担。开发费用与信息系统的复杂程度有关。

9.1.5　系统支撑软件

系统软件包括操作系统软件、数据库软件、地理信息系统软件、数据备份软件、负载均衡软件等。

9.1.6　系统支撑硬件

包括网络环境、服务器、大屏幕、存储设备等内容。网络环境是城市市政监管信息系统的重要组成部分，须在已有或新建的网络基础上建立一个覆盖所有涉及市政监管的相关部门、满足数据传输要求的网络系统，实现所有使用城市市政监管信息系统的部门之间的互联互通；服务器数量、配置根据用户数量、应用系统和数据量的实际状况进行选择；大屏幕是大屏幕监督指挥子系统的显示设备，可分别安装在监督中心和指挥中心；数据存储系统应以数据存储为中心，采用可伸缩的网络拓扑结构，通过具有高传输速率的连接方式，具有较高的节点扩充性和传输速率，并应具有跨平台整合性，同时要避免一些常见的网络瓶颈。

9.1.7　移动终端

作为监管数据无线采集设备，采用通用的智能手机操作系统和开发平台，确保监管数据无线采集子系统正常运行。摄像头的分辨率和焦距要求是为确保现场问题图像采集的质量；处理器的主频和内存参数是确保系统的运行速度和响应时间；主屏幕参数和性能是为了保证设备显示效果，特别要求可以让监督员在室外看清屏幕内容。该项投资与城管监督员的数量有关。

9.1.8　场地建设

设立监督中心和指挥中心，需要办公场所建设投资。

9.2　系统分级

国内的各个城市规模不同，在构建数字城管系统时，也采取了不同的方式，主要分以下几种。

9.2.1　市、区两级系统

北京、上海等城市，由于地域广阔，建成了市区两级的联动系统，特点是各区分别建设监督和指挥中心，全市又建立一个市级的监督指挥系统，形成两级结构。

两级结构的运行方式也有所不同：

北京的特点是：各区独立运行，事件的发现、立案、处理由区级平台自行完成，遇到区级无法解决的问题，发送到市级系统，由市级系统统一协调组织解决。

上海的特点是：所有发现的问题，首先发送到市级平台，再由市级平台根据问题的性质来决定发送到区级解决还是自行协调解决，区级系统接到市级发送的任务后，安排处理，将处理后的结果再发送到市级系统。

9.2.2　市、区合一的系统

在郑州、扬州、杭州等城市，采用的是市区合一的一级系统，即由一级系统统一监督指挥全市的事件处理问题。

9.2.3　各区独立的一级系统

青岛、济南等城市，各区分别建设各自的监督指挥中心，完成各自的职能，没有设立市级的机构，各个区级系统是平行运行的。

9.3　投资来源

数字城市管理的建设，是一项投资巨大的项目，一个区级系统的投资都在 1000 万以上，对于政府资金不充足的政府来讲，是一个障碍。重庆高新区计划采取企业投资建设、政府租用的建设方式，由移动公司出资建设，政府每年支付使用费。这种方式解决了政府一次性投入不足的问题。对于政府财政紧张的城市，可以采取此种方式进行建设。

9.4　监督员队伍建设

城管监督员队伍的建设管理，一般都由当地政府进行，而杭州市采取了外包给企业的方式，也获得了良好的效果，将问题的发现、上报工作外包给一家企业，按照发现的有效问题个数支付费用，配合监督评价体系，保证监督的效果，也是一种有益的尝试。

9.5 关键技术分析

信息系统是数字化城市管理的核心，在信息系统建设的过程中，涉及多项先进技术的应用，其中有几项内容我们认为比较重要，简单介绍如下。

9.5.1 地理信息系统技术

在《城市市政综合监管信息系统技术规范》CJJ/T 106—2010 中指出，"空间数据是系统运行的数据基础"，空间数据的管理和展现需要采用地理信息系统（GIS）技术，这也是数字城管模式的重要创新点之一。

以 GIS 为核心的地理空间信息技术是数字城市的核心应用技术，它与无线通信、宽带网络和无线网络日趋融合在一起，为政府管理、城市居民生活和商务活动提供了一种立体的、多层面的信息服务体系。数字城管为以 GIS 为核心的数字城市建设打下了坚实的基础，在数字城管的项目中应用 GIS 技术，不仅要考虑当前项目应用的具体需求，还要站在"数字城市"建设的高度上，综合评价和选择。

9.5.2 无线数据传输与空间定位技术

按照数字化城市管理模式，城管监督员发现事件后，将利用无线数据终端采集信息，通过无线网络将数据传输到监督中心和指挥中心，同时，城管监督员所在的空间位置通过对移动终端的空间定位反映到监督中心和指挥中心的屏幕上显示。

在《城市市政综合监管信息系统技术规范》CJJ/T 106—2010 中，对于无线数据采集终端和无线数据传输有明确的规定，相关的技术和服务包括：移动呼叫中心、企业短信/彩信、移动定位、移动会议电话等业务。

9.5.3 面向业务流程的系统开发

数字化城市管理是通过一套完整的业务流程来实现的，相关人员通过使用业务办公系统完成各自职责。业务办公系统的开发是结合数据库技术、GIS 技术、网络技术、接口技术等多项内容，采用某种编程语言和系统构架，面向具体城市的业务流程进行的定制开发。

办公系统的开发是信息系统建设中关键的一环，是对各项技术的综合应用，不仅要符合具体城市的业务流程，还要做到可定制、可扩展，且要求运行稳定，操作便捷。系统建设的成果将通过办公系统来体现，按照《城市市政综合监管信息系统技术规范》CJJ/T 106—2010 的要求，需要开发完成多个子系统，覆盖数字城管的各个方面，管理机构中不同角色的人员根据职责使用不同的系统。

9.6 地理信息系统软件选择

9.6.1 数字城管中的 GIS

采用 GIS 技术，使网格化数字城管的创新点之一。首先，它使得每一个城市部件有了自己的精确空间位置，并以地图的方式直观展现；其次，地物和地上设施是城市部件的重要参照系，全城市的大比例尺地形图以及高分辨率影像图被无缝集成管理，以图形的方式直观展现出来，不论对于城市监督员还是指挥中心和监督中心，都可以对城市部件周围的环境有一个全面完整了解，从而在事件处理上有更多的参考依据；最后，结合移动定位技术，监督中心可以在地图上随时掌握城管监督员的准确位置，实现有效地监督和调度。

9.6.2 GIS 平台选择的建议原则

GIS 技术发展多年，市场上的 GIS 软件多种多样，应用在不同的领域。作为数字城管核心技术之一的 GIS 技术，是一项集成了计算机技术、数据库技术、地理知识等多项技术为一体的边缘科学，长期以来更多地在地质、土地管理、林业、测绘和科学研究等专业领域应用，提出一些 GIS 平台选择的建议原则，以帮助进行综合分析和选择。

1. 站在"数字城市"的高度上，选择和构建 GIS 应用

建设数字城市，应从 GIS 开始，已经成为众多人士一个共识。GIS 的基础作用是不可替代的，数字化城市管理的建设，不仅是建设数字城市技术和概念的应用，也是建设数字城市的重要基础。在数字城管系统中，管理着城市的基础地理信息、地名信息和重要的部件信息，并通过工作流程实现了数据的共享，这是数字城市概念的典型体现。随着数字城管的运行，系统管理的内容不断扩展，可以拓展到城市规划、管理的各个方面，在一些城市的实践中，工商、税务、公安等部门已经借鉴网格化管理的概念，将其利用到各自的业务当中。数字城管的基础数据应该由一个系统来提供，保证信息的一致性。

所以，数字城市管理应该成为建设数字城市的第一步，以此为基础，逐步推进城市信息化的进程。GIS 是数字城市的核心，在选择 GIS 软件的时候，也要站在"数字城市"的高度上，综合评价和选择。避免由于 GIS 软件的扩展性不强，无法支撑更高层次的应用，被迫放弃原有平台，推倒重来，由此造成的数据、经济和时间上的损失不可估量。此种情况，在许多城市的 GIS 建设中屡见不鲜，在系统需求比较简单的时候，选择低端软件，在需求不断发展以后又被迫放弃原有软件，从头再来。在数字城市的建设中，要极力避免此种情况的发生。

2. 选择主流软件，规避项目风险

数字城市的 GIS 应用，在国内外已经有多年的历史，也有许多经验和教训值得吸取。在不同应用领域内，经过市场的考验和实践的验证，不同的软件扮演着不同角色，有着不同市场地位，这都为后来者借鉴。从规避风险、保证项目成功的角度来看，选择主流、成熟的软件，避免成为实验品也就选择了一条安全的道路。

3. 满足性能要求

《城市市政综合监管信息系统技术规范》CJJ/T 106—2010 中规定："市政监管地理信息系统软件承担着海量空间数据应用和管理工作，需要具备足够空间的数据管理、更新和服务能力，才能保证图文一体化的城市市政监管信息系统正常运转。"

数字城管系统涉及城市管理的各个委办局和公用事业企业，系统的数据内容和并发访问用户将不断增长，对于性能的要求很高，其中 GIS 数据的特殊性，极有可能成为系统性能的瓶颈。

对于一般用户来讲，GIS 的性能很难通过自主测试来确定性能，可能的判断依据只能

通过成功案例进行分析。例如，大型的空间数据库通常采用什么样的 GIS 软件和数据库。

4. 立足现在，面向未来，高度重视可扩展性和适应性

数字城管系统的建设完成，只是数字化城市管理的一个开始，在各个层面上，系统都有可能进行扩展。例如：

部门和业务的扩展：《城市市政综合监管信息系统技术规范》CJJ/T 106—2010 中描述："随着城市市政监管信息系统逐步应用，会有更多的专业部门和业务纳入信息系统的应用范围，在系统运行过程中需要充分考虑专业部门、业务和相关信息逐步扩展的需要。随着城市市政监管信息系统逐步应用，系统中涉及的部件和事件类型也可能会逐步扩展。"

系统环境的扩展：随着发展，现有的硬件环境可能无法满足应用的需要，需要不断的扩展。例如，在服务器操作系统的问题上，可能选择比较通用的 Windows Server，也可能为了性能提高而转为 UNIX 操作系统，或者出于政府信息安全的原因选择 LINUX。GIS 软件一定要适应这种环境的变化，保证前期投资，系统能够平滑升级。

系统功能的扩展：目前在大部分的数字化城市管理中，GIS 应用基本停留在图形展示的层面上，基于空间数据的深层次分析功能比较少。随着应用的不断深入，利用 GIS 的强大分析功能，进行决策支持是系统发展的必然方向。例如，根据事件发生的位置，为处理人员提供最佳的行车路线；根据事件发生的位置和频率，分析新增设施的位置；或者采用三维的方式，展示立体直观的数字化城市等。

在对 GIS 平台进行综合评价和选择的时候，要立足现在，面向未来，高度重视 GIS 平台的可扩展性和适应性。

5. 重视空间数据来源和共享

数字化城市管理系统中管理的基础地理数据，如大比例尺地形图和影像图，往往来源于城市的测绘或者规划部门，以后的更新也依靠这些部门。GIS 数据有数据格式的问题，从这些部门拿来的数据，如果与要采用的 GIS 系统格式不一致的话，还需要进行复杂的转换。数字城管中的数据，也可能提供给其他部门，进行共享使用。

在选用 GIS 平台时候，应该尽量与基础数据拥有部门采用相同的软件平台，这样数据就可以不经转换直接使用，即节省了时间和投资，又能保证数据的更新。如果无法保持一致的话，应尽量采取系统数据接口丰富，支持的数据类型广泛的 GIS 平台。

思考题

1. 城市信息化建设需要注意哪些事项？
2. 呼叫中心的重要性和建设方法有哪些？
3. 数字城管的关键技术是什么？
4. GIS 软件平台选择应该注意哪些因素？

第 10 章　城市社区信息化管理

城市社区信息化管理是城市信息化管理的重要组成部分，是城市管理及和谐社区建设的基础环节，是加强和谐社区的建设和管理、完善社区功能、提升社区服务的有效手段。

10.1　社区信息化的概念

所谓社区信息化。就是应用现代通信技术 ICT（Information Communication Technology），尤其是 Internet 技术，构筑社区政务、社区管理、社区服务。小区及家庭生活等各个方面的信息技术应用平台和通道，并与现实社区系统有机地联系起来，使与社区有关的各个成员在沟通信息时更加充分有效地开发、共享和利用社区信息资源，最终达到提高社区成员生活质量和促进社会全面进步的目的。由此可见，社区信息化是一项复杂的系统工程，不仅是一个技术系统，而且还是一个社会系统，既涉及技术，管理、体制与机制等各个方面。

从政府管理来讲，社区信息化涉及的不只是社区，更多的是从街道（镇）这个层面来建设社区信息化，刚开始是从街道（镇）层面开展建设，然后逐步从区（县市）、市层面上整合各种资源推进社区信息化。

10.2　社区信息化的重要意义

（1）社区信息化是构建和谐社会的有效手段。

（2）社区信息化是社会信息化的基础单元和重要组成部分。

（3）社区信息化是加强社区管理和服务，改善和提高人民生活质量的重要途径。

（4）社区信息化有利于提高城市综合竞争力，打造生活品质之城。

（5）社区信息化以数字社区为目标，通过信息技术和手段，改变社区管理和服务条块分割状况，利用信息网络进行资源整合、开发和利用，促进信息共享，为政府加强社会管理能力，向居民提供全方位信息服务，提高基层工作的管理、服务水平和城市综合竞争力。

10.3　社区信息化的主要内容

社区信息化一般包括 5 大内容：社区政务信息化、社区管理信息化、社区服务信息化、小区信息化和家庭信息化。前两项工作必须用行政手段推行，后两者一般用市场手段推行，而社区服务信息化则应该用两种手段结合同时推行。

（1）社区政务信息化。社区政务信息化主要指在街道办事处内部建立 OA（办公自动化系统）。即建立各个职能部门之间的电子办公网络环境。并与上级政府有关的职能部门通过专用计算机网络无缝连接，利用计算机网络信息技术实现办公自动化、管理信息化、决策科学化。并对办事处组织结构和工作流程的重组优化，超越时间和部门分隔的制约，建立一个精简、高效、廉洁、公平的社区政务平台。其主要服务对象是街道办事处内部的公务工作人员。

（2）社区管理信息化。社区管理信息化主要是指街道办事处利用电子信息系统手段，使得办事处各个职能部门与社区居民及有关其他组织和个人间能够利用网络信息平台充分进行信息共享与服务，从而加强群众监督，提高办事效率及促进政务公开等。其主要的服务对象是街道办事处对社区进行管理的部门和社区中的居民、居民委员会和其他组织。

（3）社区服务信息化。社区服务信息化主要是指通过将电话传真和计算机网络等多种信息资源有机地整合起来，通过"一站式"的信息服务平台，使社区中的居民和各种组织都能够享受到信息化带来的便利和实惠。其主要服务对象是社区事务受理中心和社区中的居民，居民委员会及其他组织。

（4）小区信息化。小区信息化是指一定地域范围内（主要是指住宅小区），将多个具有相同或不同功能的建筑物按照统筹的方法分别对其功能进行智能化，资源充分共享，统一管理，在提供安全、舒适、方便、节能和可持续发展的生活环境的同时，便于管理和控制。其主要服务对象是住户和物业公司等。

（5）家庭信息化。家庭信息化主要是指居民家庭集成计算机网络和电信、广电、智能家电等，通过家庭内网（家庭总线）系统将各种与信息有关的住宅设备连接起来，并保持这些设备与住宅的协调，从而构成舒适的信息化居住空间以适应居民在信息社会中快节奏和开放性的生活。因此社区信息化系统是一个跨机构的、一体化的、支持前台（即门户网站，Portal）和后台（包括内部管理信息系统、电子办公系统、数据库、安全平台和业务平台以及决策支持系统等）无缝集成的综合系统。该系统不仅能满足实时的个性化双向信息交流要求，而且能够实现资源计划管理，支持科学决策，体现以服务对象为核心开展协同事务管理。

社区信息化管理软件平台建设一般在社区管理和服务基础设施（包括网络，应用服务器，数据库等）建设的基础上，通过数据挖掘、数据交换和数据整合来实现社区管理信息化和社区服务信息化。在环境上往往需要系统服务平台和安全支撑平台，其总体结构，如图 10-1 所示。

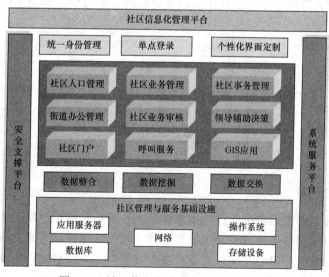

图 10-1　社区信息化管理平台总体结构图

10.4　社区信息化管理体系

构建"规划-执行-评估"闭环的社区信息化体系对提升区（县市）、街道管理与服务工作的系统性、规范性、有效性至关重要。"规划"指制订社区信息化建设规划。"执行"指社区信息化基础设施建设，社区信息化管理，社区信息化服务。"评估"指对规划执行的结果进行客观评估，通过若干数学模型来测算区（县市）、街道的社区信息化水平，如图 10-2 所示。

图 10-2　社区信息化体系图

10.5　社区信息化的评估

10.5.1　评估的一般过程

如何准确度量社区信息化建设的水平，认清优势和不足，制定持续的改善计划，是社区信息化进程中的关键问题之一。社区信息化评价的一般过程，如图 10-3 所示。

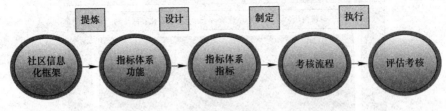

图 10-3　社区信息化评估过程图

10.5.2　评估指标体系

社区信息化评估的重点是设计评估指标体系。评价指标体系不断要有明确的适用范围和评估对象；而且要严格遵循国家有关信息化建设及社区建设的要求；同时充分考虑目前各区、县（市）的社区建设及社区信息化建设现状。例如，合肥城市社区信息化评估指标体系，见表 10-1 所示。

社区信息化评估指标体系　　　　表 10-1

一级指标	二级指标	指标说明
信息基础设施建设	社区数字电视覆盖情况 X1	该单元是否基本都接入了数字电视
	社区光缆设施完备情况 X2	社区是否可以接入宽带
	社区电子安全保障设施 X3	是否配备电子眼、门禁卡、家庭报警网络等电子安全设施
信息服务平台构建	电子商务平台的构建程度 X4	是否能在网上购买合肥各大商场物品
	社区综合服务呼叫中心建设情况 X5	是否拥有家政咨询、求助电话、就业咨询等服务电话
	信息平台集成与信息共享 X6	是否拥有社区网站、社区数据库系统等信息平台
信息技术利用	社区物业管理信息化 X7	是否拥有居民电子档案；相关报表管理是否实现电子化
	网络文化资源利用 X8	是否经常利用电子图书馆、网络视频点播等网络资源
	日常生活信息化 X9	是否利用网上缴费、网络银行、就业服务、医疗保健等网络服务项目
信息化人才培养	管理人员信息水平 X10	居委会及物业管理部门工作人员的信息化水平是否能满足居民日常需求
	技术服务人员信息水平 X11	对日常家庭网络出现问题服务人员能否按要求完成
	信息知识普及情况 X12	社区是否经常开展信息知识宣传，提高居民信息水平，普及必要信息知识
信息建设保障	社区网络畅通情况 X13	社区网络是否经常有掉线现象
	信息公开程度 X14	能否在网上查询到一些政府计划、开支以及家庭水电费缴纳情况
	信息资源整合度 X15	是否有社区网站提供诸如市区交通信息、天气情况、股票交易情况、社区新闻等服务
	信息化设施可操作性 X16	家庭报警器、求救呼叫设施或门禁卡等使用是否方便

10.5.3　指标评测结果的测算方法

主要采用综合评分分析法来对指标评价结果进行计算分析，见式（10-1）所示。

$$信息化水平得分\ S = \Sigma P_i \times W_i + \Sigma P_j \quad\quad (10\text{-}1)$$

式中　　P_i——指需要进行无量纲化处理的指标在进行无量纲化处理后得到的评价值，该值乘以相应的权重 W_i 可得到该指标的分值；

W_i——为第 i 个评价指标的权重；

P_j——指采用绝对打分法进行评测的指标所得到的分值。

对第 i 个评价指标作无量纲化处理，其处理方法：$P_i = X_i / Max$

X_i——为某参评对象在该指标的原始采集数值；

Max——为所有参评对象的该指标采集数据中的最大值。

10.5.4　评估考核的流程

涵盖街道、区、市三级的杭州市社区信息化评估系统的评估考核流程，如图 10-4 所示。

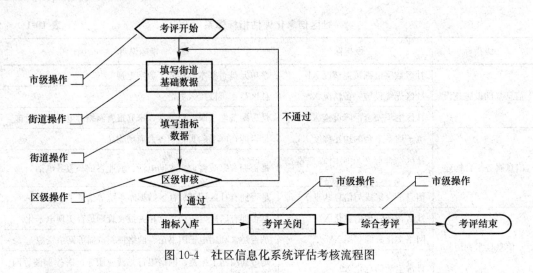

图 10-4　社区信息化系统评估考核流程图

10.6　我国社区信息化的基本情况

10.6.1　我国社区信息化的基本模式

近年来，我国各地普遍开展以专项社会事务管理为基础，以信息技术为手段，以社区服务为切入点的社区信息化建设工作，构建了社区管理和社区服务的信息平台，在社区管理部门、社区服务机构与社区居民之间架起了方便的桥梁，开创了现代化社区管理和服务的崭新模式。

一是规划先行，带动社区信息化建设。为加强对本地区社区信息化的指导，推动社区信息化建设，有的地区出台了社区信息化建设规划或指导意见，有的地区出台了社区信息化建设标准，以标准化推动信息化。如，重庆市出台了《重庆市信息化示范社区评选标准》，从重视程度、经费保障、社区信息化基础设施建设、社区信息网络平台及应用、社区信息化管理等方面来评比信息化示范社区；杭州市出台了《杭州市社区信息化建设实施纲要》，纲要明确了杭州市社区信息化的重要意义、指导思想、基本原则、发展目标、主要任务、实施进度和保障措施；深圳市出台了《社区服务与综合管理信息化技术规范》，该系统以深圳市的街道、社区工作站、社区居委会等为主体，通过网络互联，使社区组织建设、党建工作、公共事务管理、思想文化建设、城市管理、计划生育、社会治安和社区服务等多种日常管理工作，都能在网上实现信息互联互通运行，为建立社区信息化提供基础平台，目前，该系统已在罗湖区 10 个街道办事处、115 个社区居委会全面使用；福州市鼓楼区出台了《数字福建鼓楼示范区社区信息化建设工作方案》，方案分为社区信息化建设的总体目标、社区信息化建设设计的基本原则、社区信息化建设的总体规划等部分；昆明市五华区出台了《五华区社区信息化建设细化实施方案》，将农村和城市的社区信息化工作统一起来抓。部分地区虽然没有出台专门的社区信息化文件，但在本地区的社会发展和社会信息化规划、社区建设总体规划中，都列出专门的章节，对社区信息化建设进行专门部署。

二是信息基础设施建设日益完善，社区信息化的高速"公路网"基本形成。截至 2006

年 6 月，我国形成了以光纤网络为主，以无线网络为辅的立体高速宽带网络环境，铺设了社区信息化的高速公路。同时，通过加大投入或以共建共驻的形式，为社区居委会配置现代化办公设施，社区信息化基础设施日臻完善，有力地推进社区信息化建设。完善的信息化基础设施，为社区信息化创造了条件。各地区中心城区社区信息化建设均有较大的发展，部分城区进展明显，尤其东部沿海城市的中心城区宽带网络全面开通运行，初步建成了各具特色的社区服务网站，形成计算机信息服务网络、热线电话服务网络等立体化、全方位的社区信息化格局，架构了社区管理和社区服务的宽带网络，满足了居民对社区信息化的需求。

三是加强社区信息化软件建设，实现社区信息化网络的多级覆盖。近年来，随着经济社会的发展和人民生活水平的不断提高，居民对社区信息化的需求越来越强烈。各地对社区信息化建设都十分重视，逐步将加强社区信息化建设摆上了位置，普遍加快了试点工作。基本形成市、区、街、居四级信息化管理，实现了区、街、居三级纵向联网，建立了社区信息综合平台，部分地区的社区配置了电脑及应用软件、建立了社区服务网站（网页）和社区服务热线，逐步实现社区工作互联互通。北京社区公共服务平台和 96156 热线呼叫系统实现了全覆盖；上海实现市、区、街"三级联通"和社区服务信息网、热线电话网、实体服务网"三网联动"；重庆初步构建起区、街、社区三级服务网络；福州、厦门、泉州正逐步建立健全市、区、街、社区四级信息化服务网络。不少城区社区开办门户网站，如福州市鼓楼区现有 76 个社区建立社区门户网站、莆田市有 30% 的社区建立了社区门户网站。

四是紧贴社区居民的需要，建成了一批社区信息化的知名品牌。社区信息化是建设和谐社区的重要举措。部分地区已经建成全方位的网上社区管理、服务系统和社区服务热线电话系统，形成高起点、高标准的社区信息网络，逐步实现社区管理信息化和社区服务信息化，使和谐社区建设走上网络化的轨道，提高了社区管理与服务的水平和效率。涌现出一大批居民满意、效益好的社区信息化知名品牌。如，北京市的 96156 社区服务平台、上海市的 962200 社区服务热线、安徽省 96666 社区服务热线、辽宁省的 96100 社区服务平台、宁波市的 81890 求助服务中心、杭州市的 96345 市民服务呼叫中心、长沙市的 1609890 便民呼叫热线、昆明市的 3854321 社区服务热线、西安市的 12343 社区服务热线、武汉市的 96596 社区服务热线、南京市的 96180 社区服务号、南宁市的 96123 社区公共服务呼叫系统、辽阳市的 96777 居民服务呼叫中心。从掌握的资料看，不仅大中城市普遍开通了统一的社区服务特服号码，更有的不少城区开通了社区服务专用号。如，长春市朝阳区的 5181890（我要拨一拨就灵）社区服务网络中心、济南历下区的 6948650 社区服务号码、天津市经济技术开发区的 25202215 和 25202216 两个社区服务专用号码等。这些社区服务号码的开通，在社区居民和社区服务机构之间搭起了便捷的桥梁。

五是紧紧围绕市场做文章，实现社会效益和经济效益的双赢。社区信息化一头联系着社区居民，居民通过社区信息网络获得服务；一头联系着社区管理和服务机构，政府职能部门、企事业单位和社区组织依托社区信息网络服务居民、管理社区。一个好社区信息化项目必须是居民满意、政府放心、企业赢利的工程。各地紧紧围绕市场和居民开展社区信息化建设，取得了很好的成效。如，宁波市的 81890 社区公共服务平台自 2001 年启动以来，目前共有 570 多家企业加盟，带来了 16000 多个岗位，安置了 4900

多名下岗职工，带动了城区社会化管理，促进了社区管理信息化、市民生活服务信息化，实现了多赢。一般来说，企业加盟 81890 后可带来 3～4 倍的业务增长。"81890"在真正意义上实现了政府、企业、居民的"三赢"。实践说明，只有紧紧围绕市场做文章，满足居民需求，实现社会效益和经济效益的双丰收，社区信息化建设才能良性运行，才有长效机制。

六是社区信息化大幅度普及，积极探索建设数字化社区。各地在完成光缆网络覆盖任务同时，重点抓了网络建设和信息资源建设，普及信息化知识，宽带普遍应用，社区信息化成果普遍惠及社区居民的情况下，有条件的地区，将建设数字型、智能化社区作为有效提高居民生活质量和城市信息化水平的重要工作来抓，开始探索建设数字型社区、智能化小区。部分社区初步实现物业管理、远程计费、社区医疗、家政服务、公共信息查询等方面的综合信息化服务和依托社区信息化开展社区居民自治活动，以信息化手段开展民主选举、民主决策、民主管理和民主监督，实现网络化的社区居民自我管理、自我教育、自我服务。如，杭州的"德加社区"，在网上开辟了社区党校、社区教育、居务公开、社区警务、综合治理、社区论坛、社区服务、旅游休闲等，居委会基本实现网络化办公，也是通过网络，向居民提供服务，解决社区问题。再如，广州市的"信息家园"社区。在这个社区中，居民可以通过宽带网络和固定电话实现远程遥控开关家电、视频监控家居安全、自主控制电视节目等住宅智能化管理。此外，居民还可以"信息家园网站"了解居家信息、订购所需商品。即使不在家，居民也可以在网上查看钟点工在家中服务的情况等。

10.6.2　社区信息化的管理经验

各地党委政府的高度重视社区信息化建设，在软硬件建设上同时着力，逐步理顺了社区信息化的领导体制，完善了社区信息化工作的运行机制，为社区信息化建设打下了坚强的基础。

一是各地党委、政府重视社区信息化建设。随着信息技术的推广应用，各地党委、政府高度重视将信息技术运用于社区管理和服务，把社区信息化作为建设和谐社区的重要内容来抓，组织实施一批了便民利民的信息化项目，推进社区信息化的发展，使广大居民享受到信息化带来的便利和实惠。

二是完善了社区信息化建设的领导体制。经过这些年社区信息化建设的实践，各地普遍建立健全党委政府统一领导、民政部门牵头、有关部门配合、社会广泛参与的社区信息化建设管理体制。为了加强社区信息化建设的领导，安徽省根据信息化工作的要求，全省各社区结合自身实际，围绕创建"信息化特色社区"的目标，成立了以社区党支部书记、居委会主任为组长的社区信息化工作小组，负责做好社区信息化建设的各项工作。

三是积极探索社区信息化良性运行机制。各地在加大对社区信息化建设的投入时，积极探索社区信息化自我良性运行机制，促进政府投入和市场机制有效的结合，为居民提供真正实用、便利的服务。北京市的 96156 社区公共服务平台、上海市的 962200 社区服务热线、宁波市的 81890 求助服务中心、辽阳市的 96777 居民服务呼叫中心等社区信息化平台，通过加盟商的方式，为社区信息化建设注入动力。有的地区则采取商业化的运作模式。如，厦门市开通了厦华"社区在线"，居民可通过"社区在线"呼叫中心提出服务请求，服务内容涉及便民咨询、紧急求助（急救/防盗）、家政、物流配送等服务。

四是抓好社区信息化必须在软件硬件上同时着力。基础设施等硬件是社区信息化建设的基础，人才资源等软件是社区信息化建设的前提。社区信息化工作要有完备基础设施，同时要有丰富的社区服务信息资源、庞大数据库，更要有一批能够熟练掌握和运用社区信息化的人才。

10.6.3 社区信息化存在的问题

社区信息化经过近些年的建设，取得了一定的成绩，同时也存在一些不容忽视的问题。

一是思想认识还有待进一步加强。当前，部分领导和职能部门对发展社区信息化的重要性必要性和紧迫性还认识不够。有些领导干部对社区信息化的基本功能还模糊不清；有些部门和单位还存在着"等等看"的思想；社区信息化的发展需要资金技术人才等多方投入，部分地区、部门领导存在着畏难情绪，不是想方设法解决问题，而是在困难面前止步不前，只强调缺人才、缺资金、缺技术等客观制约条件，影响了社区信息化建设的进程。

二是缺乏统一的规划、管理和协调。目前，社区信息化建设缺乏统一规划，各部门各自为政，分散作战，局面较为混乱。例如，一些委办局等职能部门从自己的工作角度出发，开发建设自己的信息资源系统，而且封闭管理和运作，不能实现信息资源共享。有些地区公安、民政、劳动、计生、卫生等各个职能部门均在社区开展相关管理工作，也各自开发了相应的业务软件派发到街道和社区居委会，包括劳动人口信息系统、城市低保信息应用系统、流动人口管理系统、育龄妇女管理系统、计生科技服务系统等。仅民政业务就有几套网络系统：民政资金信息系统、地名信息网、社区服务管理系统、低保管理系统等，同样的一批居民基本情况，在不同的部门建的系统中多次出现。重复建设不仅造成严重浪费，而且增加了社区工作负担。

三是社区信息化建设缺乏标准。标准包括数据采集的基本要素、数据的来源、数据采集的方法及要求等，标准不统一容易形成"信息孤岛"，统一标准有利于各地系统间的融合贯通。建议出台相应的指导意见，使社区信息化做到标准化、程序化、规范化。

四是社区信息化建设的资金不足。社区信息化资金投入不足表现在两个方面：一方面财政给社区信息化建设的资金投入总量不足；另一方面有关部门投入的资金没有实现统筹使用，低水平的重复建设，造成投入资金未能发挥更大作用。投入不足在中西部地区尤其突出。

五是资源开发的力度不够。社区信息化的生命力在于应用，要让老百姓真切感到实用好用、便利实惠。这就要求信息资源的开发必须不断满足群众变化的需要。但目前看，宽带入户的建设，即高速"路"的建设已基本完成，网站、社区服务信息资源和数据库采集、制作与维护，即高速"车"的建设还远远没有完成。

六是人才短缺。社区信息化建设，不仅需要网络管理、系统安全、软件编程的专业高级人员，而且还需要大量的掌握基本信息网络应用知识的一般工作人员。目前，很多社区居委会工作人员连计算机基本知识都不懂，同时又缺乏适应社区信息化需要的信息化人才培养、培训机制，阻碍了社区信息化的发展。

思考题

　　1. 社区信息化的概念和意义？

　　2. 社区信息化的主要内容？

　　3. 社区信息化的评估思路？

　　4. 论述根据我国社区信息化的情况，如何进一步做好社区的信息化？

参 考 文 献

[1] 黄梯云. 管理信息系统（第三版）[M]. 北京：高等教育出版社，2005.

[2] 姜同强. 计算机信息系统开发——理论、方法与实践 [M]. 北京：科学出版社，1999.

[3] 刘效琴. 信息时代城市管理创新与城市可持续发展 [J]. 科技情报开发与经济，2006，16（16）.

[4] 孙毅中. 城市规划管理信息系统 [M]. 北京：科学出版社，2007.

[5] 曼纽尔. 卡斯特著. 全球化、信息化与城市管理 [J]. 杨友仁译. 国外城市规划，2006，21（5）.

[6] 顾承华. 上海城市管理信息化战略研究. [M]. 上海：上海市建设和管理委员会，2007.

[7] 彭望球. 遥感概论 [M]. 北京：高等教育出版社，2002.

[8] 梅安新等. 遥感导论 [M]. 北京：高等教育出版社，2001.

[9] 朱述龙，张占睦. 遥感图像获取与分析 [M]. 北京：科学出版社，2000.

[10] 马莉，宋庆. "3S"集成技术研究现状和综述 [J]. 资源环境与发展，2009，（2）：32-49.

[11] 龚健雅. 地理信息系统基础 [M]. 北京：科学出版社，2001.

[12] 蔡孟裔等. 新编地图学教程 [M]. 北京：高等教育出版社，2000.

[13] 余明，艾廷华等. 地理信息系统导论 [M]. 北京：清华大学出版社，2009.

[14] 刘南等. 地理信息系统 [M]. 北京：高教出版社，2002.

[15] 陈述彭. 地理信息系统导论 [M]. 北京：科学出版社，2000.

[16] 黄杏元. 地理信息系统概论修订版 [M]. 北京：高等教育出版社，2005.

[17] 刘方鑫. 数据库原理与技术 [M]. 北京：电子工业出版社，2002.

[18] 罗超理，李万红. 管理信息系统原理与应用 [M]. 北京：清华大学出版社，2002.

[19] 朱述龙，张占睦. 遥感图像获取与分析 [M]. 北京：科学出版社，2000.

[20] 宫鹏. 城市地理信息系统 [M]. 北京：科学出版社，1996.

[21] 郝力等. 城市地理信息系统及应用 [M]. 北京：电子工业出版社，2002.

[22] 陈述彭. 城市化与城市地理信息系统 [M]. 北京：科学出版社，1998.

[23] 边少锋等. 大地坐标系与大地基准 [M]. 北京：国防工业出版社，2005.

[24] 张尧学. 计算机操作系统原理 [M]. 北京：清华大学出版社，1995.

[25] 修文群. 数字化城市管理 [M]. 北京：中国人民大学出版社，2010.

[26] 诸大建. 管理城市发展：探讨可持续发展的城市管理模式 [M]. 上海：同济大学出版社，2004.

[27] 宁津生，陈军，定波晁. 数字地球与测绘 [M]. 北京：清华大学出版社，2001.

[28] 承继成，郭华东，薛勇. 数字地球导论 [M]. 北京：科学出版，2000.

[29] 李德仁. GPS用于摄影测量与遥感 [M]. 北京：测绘出版社，1996.

[30] 周成虎. 地理信息系统概要 [M]. 北京：中国科学技术出版社，1993.

[31] 陈平著. 网格化城市管理新模式 [M]. 北京：北京大学出版社，2007.

[32] Michael Zeiler. Modeling Our World：The ESRI Guide to Geodatabase Concepts，ESRI PRESS，2000.

[33] ESRI中国（北京）有限公司. ESRI ArcGIS数字化城市信息系统理解决方案，2007.

[34] 薛华成. 管理信息系统（第二版）[M]. 北京：清华大学出版社，1999.

[35] 李国斌，汤永利. 空间数据库技术 [M]. 北京：电子工业出版社，2010.

［36］ IBM. 智慧的城市在中国，2008.

［37］ 秦红花等. "智慧城市"在国内外发展现状 ［J］. 环球风采，2010：51-52.

［38］ 昆明市城市地下管线探测管理办公室. 地下管线动态管理子系统空间数据库设计报告 ［R］，2008.

［39］ 昆明市城市地下管线探测管理办公室. 地下管线动态管理子系统空间数据库设计报告 ［R］，2008.

［40］ 昆明市城市地下管线探测管理办公室. 地下管线动态管理子系统功能详细设计报告 ［R］，2008.

［41］ 昆明市城市地下管线探测管理办公室. 地下管线动态管理子系统 B/S 模块用户手册 ［S］，2008.

［42］ 昆明市城市地下管线探测管理办公室. 地下管线动态管理子系统 C/S 模块用户手册 ［S］，2008.